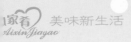
美味新生活

百吃不厌的
西点面包

主编◎张云甫　　　　编写◎王森　静心莲

U0219316

青岛出版社
QINGDAO PUBLISHING HOUSE

前言
PREFACE

用爱做好菜 用心烹佳肴

不忘初心，继续前行。

将时间拨回到 2002 年，青岛出版社"爱心家肴"品牌悄然面世。

在编辑团队的精心打造下，一套采用铜版纸、四色彩印、内容丰富实用的美食书被推向了市场。宛如一枚石子投入了平静的湖面，从一开始激起层层涟漪，到"蝴蝶效应"般兴起惊天骇浪，青岛出版社在美食出版领域的"江湖地位"迅速确立。随着现象级畅销书《新编家常菜谱》在全国摧枯拉朽般热销，青版图书引领美食出版全面进入彩色印刷时代。

市场的积极反馈让我们备受鼓舞，让我们也更加坚定了贴近读者、做读者最想要的美食图书的信念。为读者奉献兼具实用性、欣赏性的图书，成为我们不懈的追求。

时间来到 2017 年，"爱心家肴"品牌迎来了第十五个年头，"爱心家肴"的内涵和外延也在时光的砥砺中，愈加成熟，愈加壮大。

一方面，"爱心家肴"系列保持着一如既往的高品质；另一方面，在内容、版式上也越来越"接地气"。在内容上，更加注重健康实用；在版式上，努力做到时尚大方；在图片上，要求精益求精；在表述上，更倾向于分步详解、化繁为简，让读者快速上手、步步进阶，缩短您与幸福的距离。

2017 年，凝结着我们更多期盼与梦想的"爱心家肴"新鲜出炉了，希望能给您的生活带来温暖和幸福。

2017 版的"爱心家肴"系列，共 20 个品种，分为"好吃易做家常菜""美味新生活""越吃越有味"三个小单元。按菜式、食材等不同维度进行归类，收录的菜品款款色香味俱全，让人有马上动手试一试的冲动。各种烹饪技法一应俱全，能满足全家人对各种口味的需求。

书中绝大部分菜品都配有 3~12 张步骤图演示，便于您一步一步动手实践。另外，部分菜品配有精致的二维码视频，真正做到好吃不难做。通过这些图文并茂的佳肴，我们想传递一种理念，那就是自己做的美味吃起来更放心，在家里吃到的菜肴让人感觉更温馨。

爱心家肴，用爱做好菜，用心烹佳肴。

由于时间仓促，书中难免存在错讹之处，还请广大读者批评指正。

美食生活工作室

2017 年 12 月于青岛

目录

第一章 面包制作
基础

第二章 人气甜面包

第三章 诱人咸面包

第五章 乡村、
软欧面包

第四章 经典吐司

第六章 | 甜点，
再甜一点

经典面包的视频二维码

直接法制作面包

菠萝面包

中种法制作面包

贝果面包

汤种法制作面包

肉松面包

红豆面包

乡村胚芽面包

第一章

面包制作基础

烘焙面包前，

有些事

你一定要知道！

1 制作面包的原料

制作面包的基础原料

水

高筋粉

细砂糖

酵母
盐
黄油

基础原料

◯ 高筋面粉：

一般会依据面粉中蛋白质的含量进行分类，通常将蛋白质含量高于11%的面粉称为高筋面粉。通过与水的结合、搅拌及充分搓揉，面粉中的蛋白质可以产生"面筋"，而"面筋"则成为支撑面包体的"骨架"。所以，制作面包一般会使用高筋面粉。

◯ 盐：

使用市售的、颗粒细小的盐即可，亦可使用风味独特的海盐，但要注意氯化钠含量一定要高于90%。在面包制作中，盐不仅仅用来调和口味，更有强化面筋、控制发酵速度、抑制杂菌繁殖的作用。

◯ 酵母：

推荐使用即发干酵母，可直接混入面粉中使用，无须提前溶于水中。其中，高糖酵母适合含糖量5%以上的配方；低糖酵母适合不含糖或含糖量低于5%的配方。

◯ 水：

水的硬度和pH值会影响面团的状态。通常情况下，硬度接近100mg/L、pH值为5.5~6.5的水最为适合制作面包。因为稍硬的水能适当强化面筋韧性，而硬度过高的水则会令面筋韧性太强，导致面团紧缩、发酵缓慢、成品容易变硬等。

因此，水在面包制作中的作用至关重要，这也是同样的配方，不同的原料制作出的面团存在差异的原因之一。日常使用经过滤的自来水即可。

◉ 细砂糖：

糖不仅仅提供甜味，它还是酵母的营养来源，也是面团的保湿剂。

◉ 黄油：

制作面包一般会使用固态的黄油，而不是液体油脂，且要在面团搅拌出面筋后才加入。通过搅拌，黄油会附着在已经形成网状结构的面筋上。固态的黄油较液体油脂具备一定的可塑性，可以随着面团的膨胀、面筋的拉伸，起到润滑的作用。当然，黄油也为面包提供了细腻、柔软的口感及浓郁的香味。（比萨、佛卡夏等使用橄榄油等液体油脂的面团配方，需要在一开始就加入，一同搅拌）

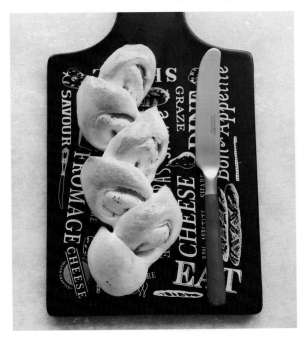

其他可用于制作面包的原料

◉ 鸡蛋：

一般使用全蛋，也有仅使用蛋清或蛋黄的，加入鸡蛋的面团成品会格外柔软。鸡蛋使用前务必打散。另外，全蛋液也常用来装饰面包的表面，刷过蛋液的面包在烤制后会呈现迷人的金黄色。

◉ 黑麦粉：

与高筋粉同样富含蛋白质，但是没有麸质，因此不具有膨胀的功能。黑麦口感略带黏性、微酸。推荐使用"黑麦浓缩粉"，需按一定比例配合高筋粉使用。

◉ 全麦粉：

全麦粉是把整颗小麦磨碎制成，富含矿物质，有朴实的麦香及独特的口感。注意，全麦粉需要配合高筋粉使用，否则面团的筋度达不到。推荐使用"全麦浓缩粉"，用量一般为10%~30%，请根据你选用品牌所标识的用量配合高筋粉使用。

◉ 低筋粉：

一般用于制作软式小面包时，加入一定比例的低筋粉，适当降底面粉筋度，使面包更柔软。

◉ 脱脂奶粉：

比牛奶更能赋予面包浓郁的奶香，一般用量在8%以内。

◉ 奶油奶酪：

可以在制作面团时加入，也可在后期整形中作为馅料使用。

制作面包的基本步骤（直接法）

大家对制作面包的基本原料有了一定的了解，下面就正式开始面包的制作。

准备工作

在正式制作面包前，需要做一些准备工作：

① 确认面包制作工具齐全。

② 把需要用秤称量的材料准备好，材料一般分为干性材料和湿性材料。其中干性材料包括面粉、酵母、盐、糖、奶粉、麦芽精等；湿性材料包括牛奶、水、鸡蛋等。

③ 开始材料的称量。

④ 用量勺称量需要的分量较少的材料，如酵母等。在材料称量好后，就可以开始制作面包了。

和面

→ 搅拌机和面：

把干性材料混合好，放入盆中。把湿性材料混合在一起，备用。

如果有搅拌机，可倒入搅拌机直接进行搅拌。面团在搅拌机里会经过以下四个阶段：

① 将干性材料倒入搅拌机，然后倒入湿性材料，搅拌均匀，形成湿黏的面糊状态，没有弹性和伸展性，即水化阶段。（如果配方中湿性材料较少，则会形成面团状态）

② 继续搅拌，到面团卷起阶段。由于面团的吸

湿性，这时面团会变干燥，而不会黏附在面缸上。表面硬而粗糙，没有光泽，有一些粘手，缺乏弹性和伸展性，用手拉面团时，容易断裂。

③ 第三个阶段，即面团扩展阶段。面团表面呈现出光泽，面团结实而有弹性。这时面筋开始扩展，面团仍然有黏性，会黏附在面缸上，用手拉时，面团具有一定的伸展性，但还是容易断裂。

④ 第四阶段，面团扩展完成阶段。这时面团的弹性得到了充分扩张，整个面团挺立而柔软，表面光滑细腻，整洁而没有粗糙感。用手拉时具有良好的伸展性及弹性。

基本醒发

面团揉好后，要进行第一次醒发，即基本醒发。

在基本醒发阶段，要注意发酵的温度和湿度。一般来说，最适宜发酵的温度是在28~40℃，湿度在70%~80%。发酵时要选好发酵场所，一般选在潮湿温热的地方发酵。

可以在专用的醒发箱或者有醒发功能的烤箱里发酵。

可以把面团放在塑料袋里，再把塑料袋放入温度在30~40℃的热水中进行发酵。

可以把面团放入温暖湿润的环境中（如没有阳光直射的窗台或者浴室中）。经过一段时间后，面团会膨胀为原来的1.5~2倍。

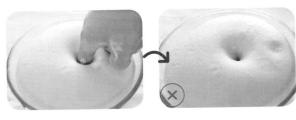
可以通过手指测试，来判断面团有没有醒发好。手指插入面团后会出现右图所示三种情形。

情形①，面团的凹陷还原。这种情况说明面团尚未发酵完全，需要继续发酵。

情形②，面团凹陷保持不变。这就表示面团已经发酵完全，可以进行下一步操作。

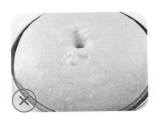
情形③，面团的凹陷萎缩，或者表面产生气泡。这说明发酵已经过度，但也无法补救，应继续进行下一步操作。

⊃ **一次发酵：**

　　发酵时的温度、湿度和时间都是非常重要的。发酵失败的原因一般都是因为发酵不足或者发酵过度，发酵过度，面包酸味和酸臭味强，发酵不足，则粉味重。一般来说，判断一次发酵完成，主要看面团膨胀的体积是否达到了原先的2倍左右。

⊃ **发酵的时间对面团的影响**

① 未成熟的面团（发酵时间不足）

　＊面团不具有伸展性，面团表面比较湿润。

　＊用食指压面团至第二关节时，拿开后，被压部分很快反弹至初始状态，一般情况下这个状态表明发酵不足。

　＊面筋里的纤维较粗。

② 成熟的面团（发酵时间正好）

　＊有适度的弹性和伸展性，并且也很柔软。

　＊面团拉薄后，表面有微干的感觉。

　＊面团包含着细小的气泡，用双手把面团轻轻拉开，能看到面团的纤维结构比较纤细。

　＊闻起来有酒精味，并带有稍许酸臭味。

③ 成熟过度的面团（发酵时间过长）

　＊面团的表面干燥，面团的伸展性较差，容易被拉断。

　＊面团用两手拉开，气泡比较粗大，面筋的纤维容易被切断，酸臭味也比较强。

　＊面团酸臭，酵母发酵过多，面团变成酸性。（最适合的面团为弱酸性）

面包制品的状态如下：

外观/发酵状态	发酵不足	发酵适当	发酵过度
表皮色泽	色泽浓厚（红褐色）	色泽为金褐色	色泽偏白，表皮有皱痕
体积	体积较小	体积适当	体积非常小

拍打

把面团在发酵中所产生的气体通过拍打排出，这是制作面包非常重要的一个步骤。

拍打的作用

① 使面团保持一定的温度。

② 使酵母移动，得到新的营养物质，加快其活动。

③ 排出废气，汲取新的空气，加速面团的成熟。

④ 使面团中的气泡变细，致使面团组织结构变得更细腻。

⑤ 加强面筋的薄膜，有助于面包的膨胀，使面包更加有体积感。

一次膨胀后的面团经拍打后排出气体的过程，对于面包的膨胀具有很重要的作用。排出气体之后可以使面团继续发酵，称为二次发酵。

拍打的过程

① 把面团放在台面上，从中间向四周轻微拍打、压平（力道均匀）。

② 三折二叠法，把拍平后的面团从左右两端各三分之一处向内折叠，然后上下三分之一处再对折。

③ 翻转，光滑面向上放入周转箱，面团再次发酵为体积是原面团的2倍为好。

排出气体的注意点

① 操作台和手要经过消毒，擦拭干以防不干净的物质混入面团，改变面包的性质。

② 排出气体是使面团中的发酵气体大部分排出的操作过程。假如气体的全部排出，对于最终发酵和面团的状态会有恶劣的影响，因此，在拍打面团时要注意力度适当。

分割、搓圆

把面团进行等份的分割后再搓圆，这个操作步骤对于面筋有着很重要的影响，所以操作这个步骤时速度要快，速度过慢会导致面筋提前发酵。

这是发酵和造型过程中不可缺少的步骤。

分割：把面团分割成更小的小块。分割的基本动作有"切"和"称量"两种。

① 切：切断面团。将面团切成长条，再分成小块面团，准备过秤。

② 称量：将每个面团过秤，以多退少补的方式，将每个面团分出所需要的大小和重量，称量后再滚圆。

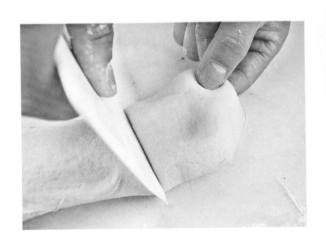

滚圆：进行滚圆一般分三种手势。

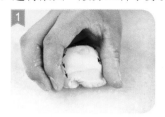

抓：将手掌张开，顺着面团的形状弯曲，轻轻抓住面团往下拉（不必用力）。

推：将手中的面团前推，此时面团并没有滚动，只是使面团内部的部分气体消失，面团被推长即停，手掌仍然以此姿势推住面团重复动作。

滚动：将四指并拢，指尖向内弯曲，轻微地左右移动（滚动），使手掌的面团稍有转动，面团自然形成圆形。面团内部因为滚动失去部分的气体，使得面团的体积缩小。

松弛（中间发酵）

　　刚完成滚圆的面团如果立即进行整形，面团的筋度会非常强韧，且容易引起面筋收缩，导致形状不齐。滚圆后的面团缺乏柔软性，需要静置一段时间，使其膨胀松弛，以利于整形。

　　面团滚圆后，将收口处朝下，放置在工作台15~20分钟，进行中间发酵。这样的静置过程，是为了让面团变得更容易塑形。在这个过程中，需要用保鲜膜等覆盖，以防干燥。理想的温度为26~28℃。

◆ 松弛的作用

① 再进行发酵，使面团成熟，增加美味口感。

② 分割搓圆后的面团，因为面筋被切割过后有一定程度的缩小，松弛可以使这个面团再次膨胀起来。

③ 搓圆后的面团比较紧实，松弛后的面团不仅变得柔软，而且有伸展性，面包的整形也会变得非常容易。

④ 松弛后的面团，表面会形成薄膜，这就防止了成形时面团的粘黏性。

◆ 松弛的步骤（轻拿轻放）

① 所有搓圆的面团间隔地摆在操作台上，用保鲜膜盖上。

② 一般来说，搓圆小的面团一般都在15~20分钟；大的面团和弹力较强的面团一般在20~30分钟；搓圆后在常温下松弛即可。

造型

所谓造型，就是把面团修整成想要的形状。看到从自己手中做出不同形状的面包，会有别样的乐趣。造型一共有16种手法，在制作面包时都可以用到。

①滚：主要目的是使面团气泡消失，面团富有光泽且内部均匀，形状完整。

较小的面团滚圆（见图1~3）

②包：将面团轻轻压扁，底部朝上，将馅料放在中间，用拇指与食指拉取周围面团包住馅料。

③压：将中间醒发完成的面团底部朝下，四指并拢，轻轻将面团压扁。（主要配合包馅的需求）

④捏：动作要领是用拇指和食指抓住面团。面团包入馅料后，必须用捏的方法把接口捏紧。

⑤摔：手抓住面团用力摔在桌面上。摔的时候手依然抓住面团。

⑥拍：四指并拢在面团上轻轻拍打。这个动作是为了将面团中的气体挤压出来。

⑦挤：四指并拢，以半卷半挤的方式，将面团做成棒形或橄榄形。

⑧擀：手持擀面棍将面团擀平或擀薄。

⑨折叠：将擀平或擀薄的面团，以折叠的方式操作，使烤好的面包呈现若干层次。

⑩ 卷：将擀薄的面团从头到尾用手滚动，由小到大地卷成圆筒状。

⑪ 拉：将面团加宽加长，以配合整形需要。

⑫ 转：双手抓住面团的两端，朝相反的扭转，使面包造型更富于变化。

⑬ 搓：运用手掌的压力，以前后搓动的方式，让面团变成细长状。

⑭ 切：切断面团，做出各种形状。

⑮ 割：在面团表面滑上裂口，但并没有切断面团。

⑯ 捶：以手掌的拇指球部位大力捶打正在成形中的面团，将面团中的气体排出，使成形好的面包接口粘紧，更为结实，增加面团的发酵张力，促进面包烘烤弹性。

装模、整形

面团经整形后应立即放入模具或烤盘中。装入模具或烤盘时必须将面团的接合处朝下，防止面团在最后发酵或烘烤时裂开。此外，也必须注意烤模和模具的温度，以常温状态下进行操作，最高的温度不得高于最后发酵室的温度（38℃）。太热或太冷均会影响面包发酵速率，并造成面包发酵不均，导致面包内部组织粗细不一。

● 整形的重要性

面团经过适当的松弛之后，将其整形出理想的形状，如圆形、长条形、橄榄形及吐司标准形等，再放入烤模中或平烤盘上。整形过程步骤是否准确，面团与面团之间距离是否妥当，都关系着面包内部组织及外表形状，严重影响产品品质，因此不可疏忽。

正确的整形是烘焙前最重要的步骤，所有面团中的气泡在装模时应被挤出，留在面团中的气囊由整形而排出。面团内部组织较均匀时，则烤焙出来的面包内部组织也会均匀细致，否则留在面团中的气泡，将会在烘焙过程中产生过大的气洞。

最终发酵

最终发酵又被称为"第二发酵"。最终发酵面团的温度上升使酵母的反应加快，在发酵的过程中产生二氧化碳和各种有机酸，从而使面筋软化，面团具有了伸展性。此外，最终发酵在烘烤的过程中，有助于面包膨胀，而且传热性也比较良好，可以在面团中生成一些芳香的物质。

◉ 发酵的条件

温度有助于酵母的发酵，一般来说，可以设定较高一点的温度。如果温度过低的话，面团表面会干燥，面团的伸展性变差，导致面团的外皮变得很硬。湿度也会对面团的发酵产生影响。如果湿度过高，面团的表面具有了粘黏性，面团吸收水分过多，表面变成了糊糊状，最终导致烘烤后的面团表皮会很厚。

◉ 最终发酵的时间

一般来说，最终发酵需要的时间在温度和湿度相同的情况下，会因为面包的种类、碘、酵母的量、制作的方法、面团的成熟度和成形时候拍打的力度等不同而不同。一般来说，最终发酵完成后，面团膨胀的程度在成形的面包的80%为好。

◉ 最终发酵的时间长短对产品的影响

如果最终发酵的时间过短：

① 成形时面包的损伤并没有恢复，所以面团具有伸展性。面包内气体含量少，面团的体积比较小。

② 面包的内部纹理是圆形的，面筋的膜比较厚。

③ 在烤制的时候热的传导性很差，所以面包的水分含量比较多，较普通的面包稍重。

④ 面包的色泽比较普通。一般的情况下，含糖量较多色泽会较浓，但是由于面团的体积较小，所以面团的上部距离烤箱较远，面包的色泽也较淡（偏白）。面包的底部比标准的面包更浓，这是面包含糖较多的表现。

⑤ 酒精的臭味比较重。一般情况下，发酵的时间比较长，酸臭味就较浓，但是烘烤后面团内的这些酸臭味可以消失。

⑥ 面包具有面粉味。

◉ 最终发酵的判决方法

① 面团的体积是烤制好的面包体积的80%左右。

② 是成形时的体积2倍左右。

③ 形状和透明度是触感判别的方法。当面团达到柔软的程度，而且薄膜也非常薄，达到了半透明的状态，用手指轻轻触碰，有凹进去的感觉，这个就是最终发酵结束的标志。

吐司面包

醒发前

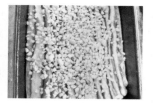

醒发后

黑麦面包

醒发前   醒发后

酥皮面包

醒发前

醒发后

从藤模中脱出

烘烤

烘烤前一定要先把烤箱预热，这样才能保证面包内部会全熟，烤出来的面包才会色泽均匀。

在烘烤时要时刻注意烘烤的时间，注意观察面包的颜色，以免烘烤过度。

烘烤后，要迅速从托盘上取出面包，冷却。有模具的面包要迅速脱模，以免面包形状发生改变，影响美观。

烘烤过度 ✕

面包烘焙小常识

⊙ 在烤箱中，面团膨胀分为两个要点

① 面团在发酵时形成的二氧化碳气化，而且烧制的时候酵母也产生气体，使面包膨胀。（在60℃之上酵母的发酵就没有）

② 面团中水分的气化导致膨胀，面团就变得膨胀了起来。

⊙ 各种温度带面团的变化

① 酵母的活动：−60℃停止，6℃休眠

② 淀粉的糊化：（α化）−56℃~100℃

③ 面筋的固化：75℃~120℃

④ 美拉德反应：150℃以上

⑤ 焦糖反应：160℃

3 中种法、液种法及汤种法的运用

"直接法"面包制作流程简单方便，但是为了使面包更美味，可以尝试用"间接法"来制作。面包的味道主要来自于发酵的过程而非谷物本身，"间接法"面团经过两个或多个发酵步骤，充分唤醒了谷物的香味。加入中种面团能够使新制作的面团马上发酵成熟，会使面包（尤其是黑麦、全麦）更好吃。

中种法

"中种法"是将部分（通常为50%~70%）面粉、水、糖、酵母等基础原料混合成团，再进行2~4小时发酵（面团膨胀到原体积4倍大小）；或室温发酵1小时后冷藏24小时延时发酵，再加入剩余原料，后续做法和直接法相同。

"中种法"的优点：一方面可以缩短主面团的发酵时间，将制作过程拆分为两段，十分省时；另一方面，经过较长的发酵时间，面团产生大量乳酸菌，使面包的口感更为柔软、有弹性，组织更细致，香味更迷人。

① 混合中种面团的所有原料。（完全混合即可，不需要达到出膜的状态）（图1）

② 盖保鲜膜，发酵至原体积2~4倍大。（也可冷藏发酵24小时后使用）（图2）

③ 完成发酵的中种内部充满蜂窝状的气孔。（如经冷藏发酵，会有类似甜酒的香气）（图3~4）

④ 将发酵好的中种材料撕碎，混合主面团（除黄油外）的所有材料搅拌。后续制作方法与"直接法"相同。（图5）

★ 熟练掌握中种法的制作后，可将"直接法"配方改为"中种法"来制作。

液种法

液种法：取配方中一定量的面粉、等量水及少量酵母混合均匀，待其充分发酵后加到主面团中。液种面团水分较多，混合后基本呈液态状，经低温长时间发酵至中间塌陷的程度，再混合主面团，使用效果最好。因为液种法面团的含水量较高，所以呈现出的口感是非常柔软的。

① 将酵头原料中的酵母溶于水中。（图1）

② 加入面粉混合均匀。（图2）

③ 加盖保鲜膜，室温发酵至原体积4倍以上，至中间略有塌陷的状态。（图3~4）

④ 将发酵好的酵头混合主面团（除黄油外）的所有材料搅拌。后续制作方法与"直接法"相同。（图5）

汤种法

汤种原料：高筋粉50克，热水50克。（根据需要等比例增减）

汤种法是指将面粉与65~100℃的水混合，使面粉糊化。在面团中加入烫熟的面粉，提高面团的保水性，会使得面包加倍柔软、细致。

① 将汤种原料中的水加热至沸腾，倒入准备好的面粉中。（图1）

② 用筷子搅拌，混合均匀后盖保鲜膜，室温晾凉，冷藏。（图2）

③ 准备好的汤种切成小块，混合主面团（除黄油外）的所有材料搅拌。后续制作方法与"直接法"相同。（图3~4）

★ 做好的汤种可直接使用，但用冷藏过夜后的汤种做出的面包更加柔软。汤种冷藏可保存 2 天，冷冻可保存 7 天。

第二章

人气甜面包

百变甜面包,

幸福的味道,

大家的最爱!

奶酪排包

试着把面团中的黄油替换为奶油奶酪来制作，成品细腻柔软，香味十足。

制作方式：直接法（参考本书p.8~16）

参考数量：3个

使用模具：24cm×24cm正方形深烤盘

材料

高筋面粉	300克
细砂糖	45克
酵母	4克
盐	3克
全蛋液	40克
淡奶油	55克
牛奶	116克
奶油奶酪	55克

表面装饰：全蛋液、白芝麻

烘焙

180℃，上下火，中层，20分钟

准备

· 除奶油奶酪外的所有材料混合，揉至光滑 ⇒ 加入切块的奶油奶酪，揉至扩展 ⇒ 基础发酵 ⇒ 排气 ⇒ 分割成9等份 ⇒ 滚圆松弛15分钟

做法

① 松弛好的面团擀成椭圆形，翻面后卷起，捏紧收口，成长条形。（图1）

② 依次将9个面团全部做好。（图2）

③ 三条为一组，编成麻花辫。（图3~4）

④ 排列在烤盘里，盖保鲜膜，进行最后发酵。（图5）

⑤ 完成发酵后在表面刷全蛋液，撒白芝麻，入烤箱烘烤。（图6）

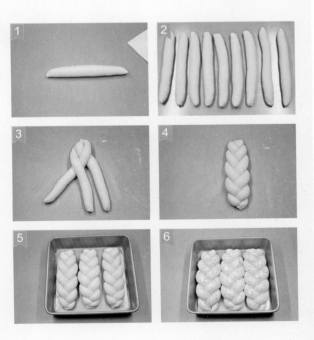

花生小酱

你是不是和我一样喜欢花生酱？而且还是带颗粒的那种呢？试试看，把它包进面包里吧，好香好香！

制作方式：液种法（参考本书p.18）

参考数量：8个

使用模具：11cm×8cm×4cm椭圆形迷你乳酪模

材料

液种材料	高筋面粉	125克	主面团材料	高筋面粉	125克
	细砂糖	30克		盐	3克
	酵母	3克		细砂糖	15克
	奶粉	5克		水	27克
	全蛋液	50克		黄油	20克
	水	92克			

馅料	颗粒花生酱	适量	表面装饰	全蛋液
				杏仁片

烘焙

上下火，200℃，中层，15~18分钟

准备

· 液种材料混合均匀，室温发酵至原体积4倍大，至中间略有塌陷（或室温发酵1小时后冷藏延时发酵24小时）⇒ 将发酵好的液种材料混合主面团材料，后油法揉至扩展阶段 ⇒ 基础发酵 ⇒ 排气 ⇒ 分割成8份 ⇒ 滚圆松弛15分钟

做法

① 取一份面团擀开后翻面，抹上一层厚厚的花生酱。（图1）

② 左右各向中间折叠一次，捏紧接缝处。（图2）

③ 用刮板纵向切两刀，平均分为3份，顶端不要切断。（图3）

④ 辫三股辫，捏紧两端收口。（图4）

⑤ 整理后置于模具中，进行最后发酵。（图5）

⑥ 发酵至九分满，在表面刷蛋液，撒上杏仁片，入预热好的烤箱烘烤。（图6）

椰蓉卷

制作方式：中种法 （参考本书p.17）

参考数量：5个

内馅制作过程

内馅材料｜黄油25克，细砂糖20克，全蛋25克，椰蓉50克，鲜奶25克

① 黄油切小块，于室温下软化。加细砂糖打至松发，分次加入全蛋，搅拌均匀。

② 加入椰蓉拌匀，倒入鲜奶让其充分吸收水分。

准备

· 用中种法制成基础发酵面团。

烘焙

上下火，180℃，中层，20~25分钟

做法

① 发酵面团分割成5等份，滚圆松弛10分钟。（图1）

② 将面团擀成圆饼形。（图2）

③ 将椰蓉内馅包入面皮，捏紧收口。（图3）

④ 将包入内馅的面团擀成长圆形，再上下对折。（图4）

⑤ 在中间切上5个刀口，注意顶部不要切断。（图5）

⑥ 摊开面皮，将面团对折。（图6）

⑦ 将面团左右扭曲。（图7）

⑧ 扭好的面团向中心围成圆形。（图8）

⑨ 造型完成后放入纸杯中，进行最后发酵。在表面刷上全蛋液。（图9）

⑩ 烤箱于200℃预热，以上下火、180℃、中层烤20~25分钟。（图10）

面包材料

中种面团材料｜高筋面粉140克，细砂糖10克，清水50克，鸡蛋40克，酵母粉1/2小匙

主面团材料｜高筋面粉20克，低筋面粉40克，细砂糖40克，细盐1/4小匙，奶粉1大匙，清水35克，黄油30克

雪吻巧克力

制作方式：直接法（参考本书 p.8~16）

参考数量：6个

主要工具：筛子、橡皮刮刀、漏网、裱花袋

材料

面粉500克（过筛），绵白糖200克，奶粉300克（过筛），黄油30克（放置室温软化），鸡蛋2个，水200毫升，可丝达馅100克，盐5克，酵母5克，可可粉适量

烘焙

上火180℃、下火150℃，15分钟

做法

① 盆中倒入面粉、绵白糖、奶粉拌匀，加入盐和酵母，拌匀后加入打散的蛋液，用刮刀拌匀，加黄油、水，揉成面团，发酵30分钟后压扁排气。（图1）

② 将面团分成大小均匀的小面团，搓圆，发酵15分钟。

③ 可丝达馅装入裱花袋，在面团上面挤出呈螺旋状的圆圈。（图3）

④ 将可可粉倒入漏网，将其均匀地筛在面团上，完成后放入预热好的烤箱，以上火180℃、下火150℃，烤约15分钟即成。（图5~6）

花形果酱面包

制作方式：直接法（参考本书 p.8～16）

参考数量：3个

材料

A: 高筋面粉150克，低筋面粉30克，细砂糖25克，奶粉1大匙，鲜奶90克，鸡蛋液30克，盐1/2小匙，酵母粉（1/2+1/4）小匙

B: 黄油20克　　C: 果酱50克

烘焙

上下火、170℃，中层，15分钟

做法

① 用直接法做好基础发酵面团。将发酵面团分割成3个45克的大面团，15个10克的小面团，滚圆松弛10分钟。（图1）

② 分别将大面团擀成圆饼形。

③ 将圆饼平铺在烤盘上，中间预留空隙。（图3）

④ 小圆面团再次滚圆，在底部抹上少许蛋液，围在大圆饼的周围，外围预留5mm空隙。盖上保鲜膜进行最后发酵，发至2倍大时，在表面刷上薄薄的全蛋液。（图4）

⑤ 烤箱于200℃预热，以上下火、170℃、中层烤15分钟。待面包凉后加入果酱。（图5）

牛奶甜面包

制作方式：直接法（参考本书p.8~16）

参考数量：3个

材料

高筋面粉	250克
砂糖	10克
盐	4克
干酵母	2.5克
炼乳	50克
牛奶	110克
蛋液	适量

烘焙

上火200℃、下火180℃，烘烤15分钟

做法

① 将所有材料放在一起搅拌，至面团表面光滑，能拉开面膜即可。（图1）

② 面团在室温30℃下发酵50分钟。（图2）

③ 将面团均分割成150克/个，滚圆，松弛20分钟后，将面团擀开。（图3）

④ 将面饼都卷成橄榄状。（图4）

⑤ 放入烤盘，在温度30℃、湿度75%的环境中发酵50分钟。（图5）

⑥ 面团发酵好后，表面刷上蛋液。（图6）

⑦ 将面团划上刀口。（图7）

⑧ 放入烤箱，以上火200℃、下火180℃，烘烤15分钟即成。（图8）

慕斯里面包

将它切成片，用来制作三明治，搭配奶酪和水果，奢华的口感更像是甜点！

制作方式：直接法（参考本书p.8~16）

参考数量：3个

使用模具：直径10cm、高8cm的圆柱形模具

烘焙

上火160℃，下火200℃，中层，25分钟

材料

高筋面粉	90克	盐	3克
中筋面粉	210克	全蛋液	185克
细砂糖	40克	牛奶	15克
酵母	5克	黄油	156克

表面装饰：全蛋液、黄油、细砂糖

做法

① 将原料中除黄油外的所有材料混合，揉至光滑。分3次加入软化的黄油，先用手抓匀，再低速搅拌至吸收，待黄油完全吸收后改高速挡位，搅拌至可拉出大片薄膜的状态。（即"后油法"揉面）（图1）

② 将搅拌好的面团放入浅盘里，盖保鲜膜，冷藏30分钟。（图2）

③ 取出冷藏好的面团，分割成3等份。（图3）

④ 滚圆后盖保鲜膜，冷藏发酵。低温冷藏，发酵12~24小时。（图4）

⑤ 将面团取出，双手按压排气，面团较为湿软，可使用少量手粉。（图5）

⑥ 翻面后将面团的四周向内折叠。注意要足够紧实，不要混入多余的手粉和空气。（图6）

⑦ 翻回正面略整理形状。（图7）

⑧ 将整形好的面团放入涂满黄油的圆筒模具中，用手背轻轻压平，盖保鲜膜，静置发酵至原体积2倍大。（图8）

⑨ 完成发酵后在表面刷全蛋液，并用利刀割"十"字切口。在切口处摆放适量黄油并撒满细砂糖。（图9）

⑩ 烤箱提前20分钟预热200℃。面团入烤箱后将上火调至160℃烘烤，出烤箱后立即脱模晾凉。（图10）

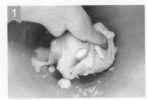

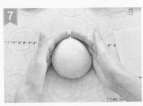

材料

A：面包粉（或高筋面粉）160克，低筋面粉40
克，酵母粉2.5克，细砂糖35克，盐2克，奶粉
7克，全蛋液30克，牛奶100克，黄油25克

B：红豆沙180克

准备

· 将红豆沙6等分，每份
30克，滚成圆球形。

豆沙花面包

制作方式：直接法（参考本书p.8~16）

参考数量：6个

做法

① 和面：采用直接法和面，用A料和至扩展阶段的面团。（图1）

② 一次发酵：将面团整圆，放盆内，置温暖处（28~30℃）进行第一次发酵，发酵至体积膨胀为2倍大。（图2）

③ 分割面团、松弛：将面团分割成6个60克的剂子，滚圆后盖上保鲜膜，松弛15分钟。（图3）

④ 排气、包馅：用排气擀面棍把面团擀成圆饼状，中间放入红豆沙馅。（图4）

⑤ 整形：将收口处捏紧，盖上保鲜膜，松弛10分钟。（图5）

⑥ 二次发酵：用手按扁，用擀面棍擀成椭圆形。（图6）

⑦ 刷蛋液：用利刀在中间划开多条刀口，间隔距离要相等，要能看到豆沙但又不会割穿底下的面皮。（图7）

⑧ 烘烤：靠下的一边用手推薄，卷起，粘紧收口位置。（图8）

⑨ 绕成圆环状，将收口处粘紧，即成面包坯子。（图9）

⑩ 将面包坯子整齐排放在烤盘上，互相之间保持一定的距离，盖上保鲜膜进行第二次发酵。（图10）

⑪ 待面团膨胀至原体积1.5倍大时，在表面刷上全蛋液。（图11）

⑫ 烤盘放入预热好的烤箱中层，以170℃上下火烘烤18~20分钟，至面包表面微微上色即可。（图12）

爱心贴士

· 擀开时力道要均匀，把里面的豆沙擀得薄厚一致。

烘焙

预热170℃，上下火170℃，中层，18~20分钟

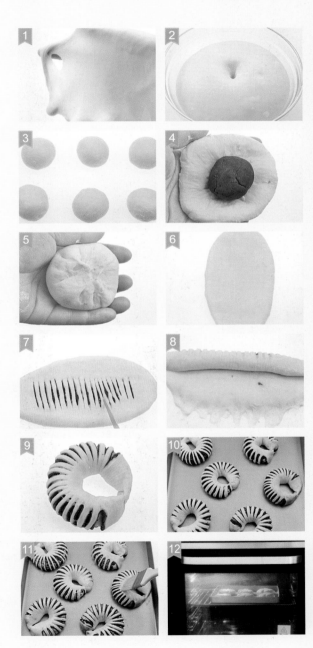

奶香切片面包

口感紧致，奶香十足。

制作方式：直接法（参考本书p.8~16）

参考数量：1个

使用模具：烤盘

材料

高筋面粉	200克	奶粉	23克
低筋面粉	100克	全蛋液	50克
细砂糖	60克	水	110克
盐	4克	黄油	30克
酵母	4克		
泡打粉	2克		

配料：核桃　　50克（核桃提前烤熟，切小块）

葡萄干　50克（葡萄干用温水洗净，沥干）

表面装饰：泡芙面糊

泡芙面糊材料

黄油	20克
水	57克
盐	1克
细砂糖	5克
高筋面粉	30克
全蛋液	45克

泡芙面糊做法

① 黄油、水、盐、糖混合煮沸。

② 将过筛后的高筋粉一次性倒入锅中，立即关火。

③ 用耐热刮刀将其混合均匀。

④ 重新将小锅置于火上，小火加热并保持翻拌，待底部出现一层薄膜时离火。

⑤ 待面糊不是很烫时，少量多次加入打散的蛋液，每次都混合到完全吸收。

⑥ 提起刮刀，看到面糊呈倒三角状态即可。

烘焙

上下火，180℃，中层，20分钟

准备

· 将面团揉至光滑 ⇨ 基础发酵 ⇨ 排气 ⇨ 滚圆松弛15分钟

做法

① 将松弛好的面团擀成长方形大片。（图1）

② 均匀地铺满核桃和葡萄干。（图2）

③ 自上而下卷起，放烤盘上松弛20分钟。（图3）

④ 将准备好的泡芙面糊装入裱花袋。（使用排花嘴）（图4）

⑤ 将泡芙面糊呈"S"形挤在面团表面，入烤箱烘烤。（图5）

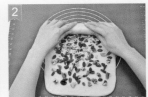

材料

面团材料： 面包粉（或高筋面粉）160克，低筋面粉38克，酵母粉3克，细砂糖35克，盐2克，奶粉7克，全蛋液25克，鲜奶95克，黄油25克

内馅材料： 蔓越莓干25克，奶油奶酪125克，糖粉35克

准备

① 奶油奶酪提前从冰箱取出软化。

② 将黄油提前从冰箱取出，在室温下软化至用手指可轻松压出手印，切小块。

③ 蔓越莓干洗净、切碎。

蔓越莓乳酪面包

制作方式：直接法（参考本书p.8~16）

参考数量：6个

使用模具：厨房秤、擀面棍、刮板、小刀、电动打蛋器、中号打蛋盆、烤箱

做法

① 奶油奶酪用电动打蛋器先低速再中速搅打至松软，加入糖粉搅匀。（图1）

② 加入切碎的蔓越莓干，搅匀即可。（图2）

③ 直接法和出达到扩展阶段的面团，整圆，盖保鲜膜，置于温暖处发酵。（图3）

④ 待面团膨胀至原体积2倍大时，发酵完成。称出面团的总重量。（图4）

⑤ 将面团分割成每个60克的剂子，共6份，滚圆，盖上保鲜膜静置松弛15分钟。（图5）

⑥ 用排气擀面棍把面团擀成圆饼形。取2茶匙内馅，放在饼皮上。（图6）

⑦ 将饼皮向上收拢，把收口处尽量捏紧（不然烘烤时易露馅），即为面包生坯。（图7）

⑧ 面包生坯放在垫硅胶垫的烤盘上，用厨房专用剪如图所示剪几刀，盖保鲜膜进行二次发酵。（图8）

⑨ 当面包生坯膨胀至原体积1.5倍大小时，在表面刷上一层蛋液。（图9）

⑩ 取小盘装满白芝麻，用擀面棍的一端蘸上少许蛋液，再滚满白芝麻。（图10）

⑪ 将擀面棍上的芝麻点在面包中心位置。（图11）

⑫ 烤盘放入预热好的烤箱中层，以170℃、上下火，烘烤20分钟即可。（图12）

爱心贴士

· 蔓越莓可以用葡萄干代替，但葡萄干通常比较干，使用前要先用朗姆酒浸泡半小时，沥干后使用。

烘焙

上下火，170℃，中层，20分钟

搅匀的状态

果酱丹麦

参考数量：45个

主要工具：擀面杖、抹刀

材料

丹麦面团原料：

高筋面粉	400克
低筋面粉	100克
酵母	8克
盐	8克
细砂糖	60克
奶粉	30克
鸡蛋	2个
水	240毫升

黄油	40克
丹麦专用油	适量

表面装饰：全蛋液、果酱

丹麦面团制作：

① 将所有材料一起搅拌成面团，基本发酵30分钟，擀开后冷冻2小时，再包入片状黄油。

② 三折两次，放入冷藏松弛30分钟，再三折第三次。

做法

① 制作出丹麦面团。

② 将丹麦面团从冰箱取出，擀成厚度约为0.4厘米的面片，切去多余边角后，再切成边长约为10厘米的正方形面片。（图1~2）

③ 将正方形面片沿对角线折叠成三角形，分别平行于三角形面片的两个短边切两刀，宽度约为2厘米，如图所示。（图3~4）

④ 将三角形面片轻轻摊开，将切开的两个口依次上下交叉对折后，整形成如图所示的面片。（图5~6）

⑤ 将整形好的面片间隔均匀地摆放在烤盘中，进行最后一次发酵。温度30~33℃、湿度70%的环境下，发酵60~90分钟。

⑥ 待面团发酵至原体积的2倍大时，在面团表面均匀地刷上一层全蛋液，用裱花袋将果酱挤在面片中间。（图7~8）

⑦ 将烤盘放入提前预热好的烤箱中层，上下火200℃，烘烤15分钟左右出炉，冷却后即可食用。

烘焙

上下火，200℃，中层，15分钟

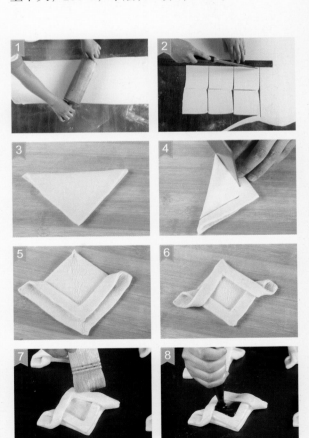

乳酪红豆堡

浓浓的奶香、松软的面团，原来乳酪和红豆才是甜蜜的一对。

制作方式：液种法 （参考本书p.18）

参考数量：9个

使用模具：9cm×6cm×4cm迷你长方模

材料

液种材料：

高筋面粉	50克
水	50克
酵母	1克

主面团材料：

高筋面粉	200克
细砂糖	35克
酵母	3克
盐	2.5克
奶粉	8克
鸡蛋	48克
淡奶油	47克
水	29克
黄油	20克

配料：

奶油奶酪	100克
糖粉	10克
蜜红豆	50克

（奶油奶酪软化后加入糖粉搅拌均匀，加入蜜红豆混合）

准备

· 液种材料混合均匀，室温发酵至原体积4倍大至中间略有塌陷（或室温发酵1小时后冷藏延时发酵24小时）⇒ 将发酵好的液种混合主面团材料，后油法揉至扩展阶段 ⇒ 基础发酵 ⇒ 排气 ⇒ 分割成9份 ⇒ 滚圆松弛15分钟

做法

① 松弛好的面团擀成椭圆形。（图1）

② 翻面后将乳酪红豆馅放在前端。（图2）

③ 压薄底边，自上而下卷起。（图3）

④ 捏紧底边和两侧。（图4）

⑤ 置于模具内（或者做成排包，有间隔地排列在烤盘上）。（图5）

⑥ 盖保鲜膜进行最后发酵，入烤箱前在表面刷蛋液。（图6）

烘焙

上下火，180℃，中层，18分钟

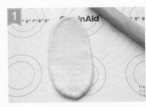
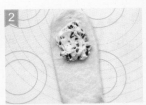

芝士玉米面包

制作方式：直接法　（参考本书p.8~16）

参考数量：3个

材料

高筋面粉	500克
砂糖	50克
干酵母	6克
盐	10克
奶粉	15克
蛋黄	80克（约1.5个）
水	250克
黄油	70克
甜玉米粒	150克

表面装饰：芝士丝、蛋液

烘焙

上下火，200℃，喷蒸汽，25分钟

做法

① 将干性材料（除黄油、玉米粒外）和湿性材料一起倒入搅拌机，搅拌至表面光滑后加入黄油。（图1）

② 再搅拌至面团光滑有弹性，加入玉米粒。（图2）

③ 搅拌至面团光滑，能拉开面膜即可。（图3）

④ 以室温30℃，发酵60分钟。（图4）

⑤ 面团分割成300克/个。（图5）

⑥ 将分割的每个面团滚圆，放入烤盘，以温度30℃、湿度75%，发酵60分钟。（图6）

⑦ 发酵好后，在面团表面刷上蛋液。（图7）

⑧ 在面团表面撒上芝士丝。（图8）

⑨ 放入烤箱，以上火200℃、下火200℃，喷蒸汽，烘烤25分钟即成。（图9）

材料

A: 面包粉（或高筋面粉）250克，清水90克，酵
母粉3克，盐2.5克，奶粉7克，鸡蛋48克，蜂蜜
36克，细砂糖25克，黄油25克

B: 黄油15克，白芝麻20克

准备

· 烤盘底部涂抹一层黄油（B料）防粘。

烘焙

上下火，160℃，中下层，25分钟

蜂蜜小面包

制作方式：直接法（参考本书p.8~16）

参考数量：16个

做法

① 直接法和好面团，整成圆形，放玻璃盆内，盖上保鲜膜，置于温暖处发酵40~60分钟，至面团膨胀至原体积的2倍，且用手指按个小坑不会迅速回弹即可。（图1）

② 将面团分割成每个57克的剂子，共8个。（图2）

③ 面剂子用手滚成圆球形，盖上保鲜膜，静置松弛15分钟。（图3）

④ 松弛好的圆面团用排气擀面棍擀成长约23厘米的椭圆形面片。（图4）

⑤ 右手用刮板将面片铲起，左手将面片翻面。

⑥ 将面片从两侧向中间对折，中间不要留缝隙。（图6）

⑦ 将面片的底部用手指压薄，再从上向下卷起。（图7）

⑧ 用刮板将面卷从中间对切开。

⑨ 将白芝麻装入小碗中，放入面卷，使其底部均匀粘上一层白芝麻。（图8）

⑩ 面卷整齐排放在烤盘中，盖上保鲜膜，放温暖处进行第二次发酵。

⑪ 当面团发酵至2倍大时，用刷子在表面刷上一层蛋清液。（图9）

⑫ 烤盘放入预热好的烤箱中下层，以160℃、上下火，烤25分钟即可。（图10）

爱心贴士

· 面包配料中有蜂蜜，烤制中易上色，所以表面不刷全蛋液而刷蛋清液，以增加面包的光泽，且不易烤焦。

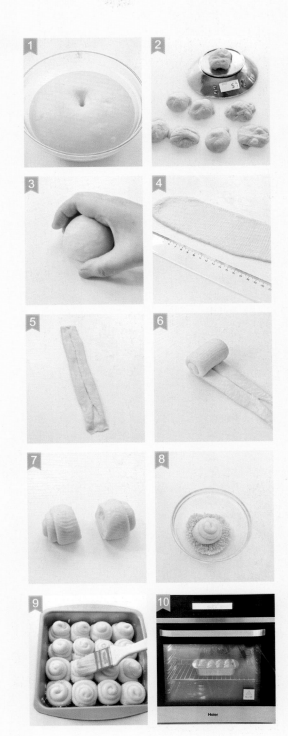

芝士派可颂

制作方式：直接法（参考本书p.8~16）

参考数量：4个

材料

丹麦面团	600克

（制作参见本书p.35 ）

克林姆酱	适量
芝士	适量
蛋液	适量

烘焙

上火210℃、下火200℃，18分钟

做法

① 将丹麦面团擀压至0.5厘米厚，用压模压出圆形。

② 用大小压模压出大小圆形。（图2）

③ 放到压好的圆形面团上面。

④ 放入烤盘，以温度28℃、湿度75%，发酵50分钟。（图4）

⑤ 发酵好后，表面刷上蛋液。

⑥ 挤上克林姆酱。（图6）

⑦ 放上芝士。

⑧ 放入烤箱，以上火210℃、下火200℃，烘烤18分钟。（图8）

第三章

诱人咸面包

每天都可以吃的佐餐面包!

香肠小卷

试着把孩子爱吃的小香肠卷进面包里吧！超小的面包一定能获得孩子的喜爱。

制作方式：直接法（参考本书p.8~16）

参考数量：16个

使用模具：烤盘

准备

· 将面团揉至扩展阶段 ⇒ 基础发酵 ⇒ 排气 ⇒ 分割成30克/只 ⇒ 滚圆松弛15分钟

烘焙

上下火，180℃，中层，20分钟

做法

① 取一份松弛好的面团搓成水滴状。（图1）

② 一边拉长一边擀开，使面团呈长35cm左右的倒三角形，最宽处要略短于香肠的长度。（图2）

③ 在宽的一端放一只香肠，撒上现磨黑胡椒粉。（图3）

④ 自上而下卷起，捏紧收口，收口向下排列在烤盘上，最后发酵约40分钟。（图4）

⑤ 完成发酵后表面刷全蛋液，用剪刀剪开一条口。（图5）

⑥ 在开口处挤上少许沙拉酱，入烤箱烘烤。（图6）

材料

材料	用量
高筋面粉	250克
细砂糖	40克
盐	2.5克
酵母	2.5克
奶粉	10克
全蛋液	29克
水	130克
黄油	25克
脆皮肠	16只
黑胡椒粉	适量

表面装饰:全蛋液、沙拉酱

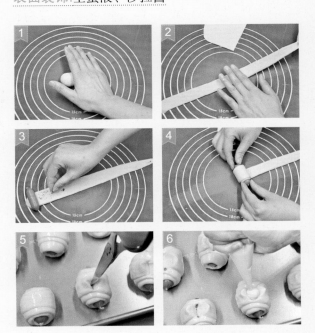

材料

面包材料：面包粉（或高筋面粉）160克，低筋面粉40克，细砂糖20克，鸡蛋1个（约44克），清水70克，蜂蜜12克，酵母粉2.5克，盐2.5克，黄油30克

内馅材料：葱花15克，盐1/4小匙，沙拉酱30克，火腿肠6根

其他材料：全蛋液少许

火腿肠面包

制作方式：直接法（参考本书p.8~16）

参考数量：6个

烘焙

上下火，170℃，中层，20分钟

做法

① 直接法和好一块达到扩展阶段的面团，整圆，放盆内，盖上保鲜膜，放于温暖处发酵。（图1）

② 面团发酵至原体积2倍大，用手指蘸少许干面粉插入面团中，洞口不马上回缩说明发酵好了。（图2）

③ 将面团分成6份小面团，每个60克，用手滚成圆球形，盖上保鲜膜松弛15分钟。（图3）

④ 取一个小面团，用排气擀面棍擀成椭圆形，右手用刮板铲起面团，左手提起面团翻面。

⑤ 面团旋转90°横放，用手指将面团靠下的一侧压薄，由上向下卷起。（图5）

⑥ 卷好后将底部捏紧，盖上保鲜膜松弛10分钟。（图6）

⑦ 用双手搓成长条，将一头按扁。火腿肠切合适长度，将面团绕火腿肠一圈，粘紧接口，即为火腿肠面包生坯。（图7）

⑧ 将面包生坯整齐摆放在烤盘上，互相之间保持一定的距离，盖上保鲜膜，进行第二次发酵。

⑨ 待面包生坯发酵至原体积2倍大时在面团表面刷上薄薄一层蛋液。（图9）

⑩ 沙拉酱装入裱花袋中，尖端剪一个小口，挤在面包和火腿肠表面。（图10）

⑪ 香葱取葱绿部分切碎，拌入细盐，撒在面包上。（图11）

⑫ 烤盘放入预热好的烤箱中层，以170℃、上下火烘烤20分钟即可。（图12）

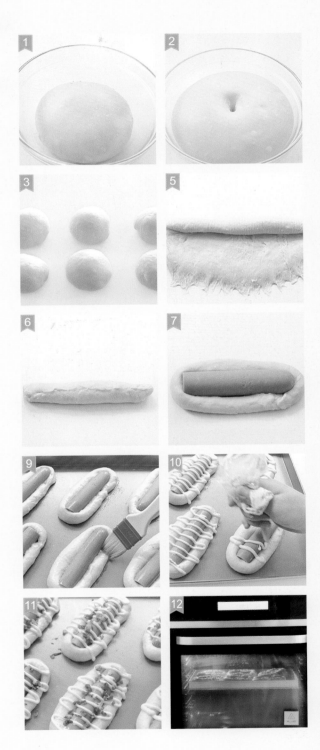

法式芥末香肠面包

制作方式：直接法（参考本书p.8~16）

参考数量：6个

材料

花式调理面包材料：

高筋面粉	500克
砂糖	100克
盐	8克
干酵母	9克
鸡蛋液	80克（约1.5个）
汤种	70克
鲜牛奶	250克
黄油	80克

香肠芥末馅：

黄芥末	10克
洋葱丁	50克
香肠	150克
青酱	10克
芝士粉	25克
沙拉酱	100克

烘焙

上火200℃、下火190℃，15分钟

花式调理面团制作过程

将干性和湿性材料一起倒入搅拌机搅拌。搅拌至表面光滑，有弹性，加入黄油。再搅拌至面团拉开光滑面膜即可。在室温下，基本发酵40分钟。分割成100克/个，滚圆，松弛30分钟。

香肠芥末馅制作过程

将所有材料切成丁混合起来。一起搅拌均匀即可。

做法

① 将面团擀成圆饼。（图1）

② 卷成圆柱形。（图2）

③ 搓成长条形。（图3）

④ 将长条两头接口接紧。（图4）

⑤ 用手搓压紧接口。（图5）

⑥ 放入长形纸托。

⑦ 放入烤盘，以温度30℃、湿度75%，发酵40分钟。（图7）

⑧ 发酵好后，在表面刷上蛋液，放上香肠芥末馅。（图8）

⑨ 放入烤箱，以上火200℃、下火190℃，烘烤15分钟。（图9）

香葱芝士肉松

制作方式：中种法（参考本书p.17）

参考数量：6个

使用模具：18cm×6cm热狗模

材料

中种材料：

高筋面粉	125克
低筋面粉	50克
细砂糖	13克
酵母	3克
全蛋液	18克
水	82克

主面团材料：

高筋面粉	75克
盐	3克
细砂糖	25克
水	55克
黄油	30克

配料及表面装饰：

肉松、全蛋液、奶酪丝、香葱碎、白芝麻

做法

① 取一份面团擀开，翻面后铺满肉松，压薄底边。（图1）

② 自上而下卷起。（图2~3）

③ 捏紧收口。（图4）

④ 双手揉搓使其均匀。（图5）

⑤ 整形好的面团可置于热狗模或纸托中，最后发酵至原体积2倍大，表面刷全蛋液，挤上"之"字形沙拉酱，撒白芝麻、香葱碎和奶酪丝，入烤箱烘烤。（图6）

烘焙

上火220℃、下火180℃，中层，12分钟

准备

· 中种材料混合均匀，室温发酵至原体积3~4倍大（或室温发酵1小时后冷藏延时发酵24小时）⇒ 将发酵好的中种材料撕碎，混合主面团材料，后油法揉至扩展阶段 ⇒ 基础发酵 ⇒ 排气 ⇒ 分割成6份 ⇒ 滚圆松弛15分钟

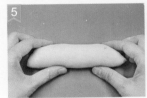

猪肉汉堡

制作方式：直接法（参考本书p.8~16）

参考分量：4个

主要工具：汉堡模

材料

面包材料： 高筋面粉200克，低筋面粉50克，全蛋30克，鲜奶140克，细砂糖25克，盐1/4小匙，酵母粉1小匙，黄油25克、白芝麻适量

内馅材料： 猪绞肉250克，盐1/4小匙，蚝油1/2大匙，砂糖1/2小匙，黑胡椒粉1小匙，玉米淀粉3大匙，料酒1大匙，沙拉酱、生菜、番茄、汉堡芝士片各适量

准备

· 直接法做好基础发酵面团。

烘焙

上下火，180℃，中层，20分钟

做法

① 发酵面团按每份100克分割，滚圆后按扁放入涂油的汉堡模内。（图1）

② 第二次发酵完成后，在面团表面刷上全蛋液，撒上白芝麻。（图2）

③ 烤箱于200℃预热，以上下火、180℃、中层烤20分钟。（图3）

④ 猪绞肉加上盐、黑胡椒粉、玉米淀粉、蚝油、料酒、砂糖混合。（图4）

⑤ 用筷子以顺时针方向搅拌至成团、起胶。（图5）

⑥ 用手抓起肉团，向盆内摔至少50下。（图6）

⑦ 将肉团压成肉饼。

⑧ 肉饼放入平底锅以小火慢煎，至晃动锅子肉饼可以移动，方可翻面。（图8）

⑨ 加1大匙水，盖上锅盖，焖至水干，再开盖煎片刻即可。

⑩ 冷却后的面包一切两半。分别在两块面包切面涂抹沙拉酱。（图10）

⑪ 放上新鲜生菜、芝士、番茄片。再放上煎好的肉饼，铺上生菜。（图11）

⑫ 盖上顶部的面包即可。（图12）

汉堡

清淡的口味是为了突出所搭配的食材，松软又适度韧性的口感是市售汉堡所不能及的。

制作方式：**直接法（参考本书p.8~16）**

参考数量：**6个**

使用模具：**圆形汉堡模**

材料

高筋面粉	230克
低筋面粉	20克
细砂糖	32克
盐	3克
酵母	3克
全蛋液	28克
水	128克
黄油	25克

表面装饰：**全蛋液、白芝麻**

准备

· 后油法将面团揉至扩展阶段 ⇒ 基础发酵 ⇒ 排气 ⇒ 分割成6份 ⇒ 滚圆松弛15分钟

烘焙

上下火，190℃，中层，18~20分钟

做法

① 松弛好的面团再次滚圆。（图1）

② 略压扁（也可置于模具或纸杯中），进行最后发酵。（图2）

③ 待面坯最后发酵2倍大小时，表面刷全蛋液，撒白芝麻，入烤箱烘烤。（图3）

爱心贴士

· 整形时，滚圆后底部的收口要置于中心位置，这样面包发酵后才不会变形。

· 面包出炉后凉透，横向剖开，可搭配火腿、乳酪片、蔬菜、煎蛋及各种酱料一同食用。

培根麦穗包

制作方式：**直接法**（参考本书p.8~16）

参考数量：**4个**

使用模具：**烤盘**

材料

高筋面粉	250克
细砂糖	30克
盐	4克
酵母	4克
全蛋液	30克
水	135克
黄油	25克

配料：

培根	4片
现磨黑胡椒	适量

烘焙

上下火，180℃，中层，18分钟

准备

· 将面团揉至扩展阶段 ⇒ 基础发酵 ⇒ 排气 ⇒ 分割成4份 ⇒ 滚圆松弛15分钟

做法

① 取一份面团擀成椭圆形，长度相当于一片培根，翻面后横向放置，压薄底边。（图1）

② 放一片培根，撒少许黑胡椒（也可以是综合香料等）。（图2）

③ 自上而下卷起。（图3）

④ 捏紧收口和两端，排列在烤盘上进行最后发酵。（图4）

⑤ 最后发酵至原体积2倍大（约40分钟），刷全蛋液，用剪刀呈30°角剪出麦穗状。注意不要完全剪断，每剪一次顺势将面片移到左右两侧，呈对称形排列，全部整形后入烤箱烘烤。（图5）

火腿香葱卷

制作方式：直接法（参考本书p.8~16）

参考数量：1个

这款面包做好了拿去送人会是一份很意外的礼物。红红绿绿的颜色，比装饰蛋糕还讨喜。

材料

A：高筋面粉150克，马铃薯泥30克，砂糖15克，奶粉1大匙，盐1/2小匙，酵母粉1/2小匙，鸡蛋30克，清水50克，黄油15克

B：葱花15克，火腿碎50克，沙拉酱（1 +1/2）大匙

做法

① 发酵好的面团直接滚圆，盖上保鲜膜松弛15分钟。台面撒少许高筋面粉，将面团擀成长方形。（图1）

② 将面团翻面，用手指在下方按出略薄的指印。（图2）

③ 在表面先涂上薄薄的一层沙拉酱（底层指印处不要涂），再撒上火腿碎及葱花。（图3）

④ 将面皮由上向下卷起。（图4）

⑤ 卷好的样子如图。（图5）

⑥ 用双手将面圈收口处捏紧。（图6）

⑦ 用切面刀将面团均分成6份，切开。（图7）

⑧ 将面团切口朝上，在烤盘中摆成花形。（图8）

⑨ 盖上保鲜膜，发酵至原来的1.5倍大。（图9）

⑩ 烤盘入烤箱，预热至200℃，以上下火、180℃烤18~20分钟。（图10）

爱心贴士

· 如果你做的面包卷不成形，容易塌陷的话，说明水分太多或发酵过头了。

烘焙

上下火，180℃，18~20分钟

准备

· 直接法制成基础发酵面团

全麦热狗包

整体口感柔和，甜度适中。

制作方式：直接法（参考本书p.8~16）

参考数量：6个

使用模具：烤盘或热狗模

材料

高筋面粉	230克
全麦	20克
细砂糖	25克
盐	3克
酵母	3克
全蛋液	20克
水	145克
黄油	25克

烘焙

上下火，190℃，中层，18~20分钟

准备

· 后油法将面团揉至扩展阶段 ⇒ 基础发酵 ⇒ 排气 ⇒ 分割成6份 ⇒ 滚圆松弛15分钟

做法

① 取一份面团，从中间向上下擀开，成椭圆形。（图1）

② 翻面后横向放置，压薄底边。（图2）

③ 自上而下卷起。（图3~4）

④ 将收口处捏紧，收口向下排列在烤盘上，进行最后发酵。（图5）

⑤ 待最后发酵至原体积2倍大（室温约40分钟），表面喷水，入预热好的烤箱烘烤。（图6）

爱心贴士

· 基础的面包坯纵向切开，夹入加热后的法兰克福肠、番茄酱、芥末酱，即成传统的热狗包。你也可发挥想象，利用手边食材来随意搭配。

· 除制作成大只热狗包外，你还可以将面团分割为60克/只，整形成椭圆形来制作迷你小热狗。小朋友喜欢的酥炸鸡排小热狗，搭配酸甜的番茄酱，十分开胃。小热狗直接涂抹沙拉酱，塞满肉松，就是美味的肉松面包啦！

爱心贴士

· 这款面包火温不能太高，烘烤时间不宜超过20分钟。

· 面包表皮若离上火太近，会被烘烤得太干。表皮刚烤好时比较干硬，要用纸张盖住表面约
5分钟，放置待回软时再卷。

肉松面包卷

制作方式：汤种法（参考本书p.18）

参考数量：4个

使用模具：29cm×25cm烤盘

材料

汤种材料： 高筋面粉25克，清水100克

面团材料：

A：高筋面粉150克，低筋面粉75克，酵母粉1小匙，奶粉2大匙，细盐1/4小匙，细砂糖25克，全蛋50克，清水50克

B：黄油35克

表面装饰： 肉松约250克，全蛋液、白芝麻、葱花、沙拉酱各适量

准备

·制成发酵面团。

烘焙

上下火，170℃，中层，18分钟

做法

① 面团发酵完成，直接滚圆，盖上保鲜膜，松弛20分钟。（图1）

② 用手按压排气。（图2）

③ 擀制成烤盘大小的长方形，铺在垫油纸的烤盘上进行最后发酵。（图3）

④ 至面团发酵至2倍大，手指按下不会马上回弹即可，刷上全蛋液。（图4）

⑤ 用竹签插上一些小洞帮助排气，以防烤时面团凸起。（图5）

⑥ 撒上葱花及白芝麻。（图6）

⑦ 烤箱于170℃预热，放入烤盘，以上下火、170℃、中层烤18分钟。（图7）

⑧ 烤好的面包连油纸一起取出，表面再盖上一张油纸，放至温热。（图8）

⑨ 面包反面的油纸撕掉，浅浅地割上一道道刀口，不要割断。（图9）

⑩ 涂上一层沙拉酱，再撒上适量肉松。借助擀面杖将面包卷起。（图10）

⑪ 不要松开油纸，再用胶纸缠起来，放置约10分钟让其定形。（图11）

⑫ 拆开油纸，切去两端，分切成4段，头尾涂沙拉酱、蘸肉松即可。（图12）

傲椒鸡排堡

匈牙利甜椒粉味道温和、微甜，富含维生素 C、B 族维生素及胡萝卜素。

制作方式：液种法（参考本书p.18）

参考数量：6个

使用模具：圆形汉堡模

材料

液种材料			主面团材料			配料	
	高筋面粉	125克		高筋面粉	115克		鸡腿
	细砂糖	20克		匈牙利甜椒粉	8~10克		奥尔良烤鸡腌料（市售）
	酵母	3克		盐	3克		生菜
	奶粉	5克		水	15克		番茄
	全蛋液	50克		黄油	20克		沙拉酱
	水	93克					酸黄瓜（1根，切碎后拌入沙拉酱）

准备

· 液种材料混合均匀，室温发酵至原体积4倍大，至中间略有塌陷（或室温发酵1小时后冷藏延时发酵24小时）⇒ 将发酵好的液种材料混合主面团材料，后油法揉至扩展阶段 ⇒ 基础发酵 ⇒ 排气 ⇒ 分割成6份 ⇒ 滚圆松弛15分钟

（汉堡的制作参考本书p.59）

做法

① 鸡腿去骨。（图1~3）

② 用腌料将鸡腿腌制入味，冷藏过夜。（图4）

③ 煎或烤至表面金黄，沥去多余油脂。（图5）

④ 生菜切丝。番茄横切，去籽、汁水。（图6）

组合

　　汉堡横切，切面在煎锅中略微加热，依次涂抹酸黄瓜沙拉酱，夹入鸡排、番茄片和生菜丝。

烘焙

上下火，210℃，中层，13~15分钟

海墨王三文鱼堡

制作方式：直接法（参考本书p.8~16）

参考数量：6个

使用模具：圆形汉堡模

材料

高筋面粉	200克
低筋面粉	50克
细砂糖	15克
酵母	3克
盐	4克
墨鱼汁	6克
水	160克
黄油	18克

配料：

三文鱼、迷迭香、盐、黑胡椒、橄榄油、油渍番茄、颗粒芥末酱、沙拉酱（1：5混合搅拌均匀）

（汉堡的制作参考本书p.59）

烘焙

上下火，210℃，中层，13~15分钟

组合

　　汉堡横切，将其切面在煎三文鱼的平底锅中略微加热，涂抹芥末沙拉酱，夹入煎好的三文鱼和对切开的油渍小番茄。

做法

① 三文鱼略冲洗，用纸巾拭干水，用盐、黑胡椒、切碎的迷迭香和橄榄油腌制30分钟。（图1）

② 煎锅加油烧热，入腌好的三文鱼，煎至两面略微变色即可。（图2）

71

芝麻沙拉包

圆鼓鼓、可爱的芝麻小餐包！早餐就用它来搭配新鲜沙拉和肉松吧！

制作方式：直接法（参考本书p.8~16）

参考数量：6个

使用模具：烤盘

材料

高筋面粉250克，细砂糖15克，盐4克，酵母3克，奶粉5克，水165克，黄油25克

表面装饰：白芝麻

准备

· 后油法将面团揉至扩展阶段 ➡ 基础发酵 ➡ 排气 ➡ 分割成6份 ➡ 滚圆松驰15分钟

烘焙

上下火，190℃，中层，15~18分钟

芝士沙拉包做法

① 取一份松驰好的面团，擀成椭圆形。（图1）

② 翻面后压薄底边。（图2）

③ 自上而下折叠一次。（图3）

④ 将两角折向中心位置。（图4）

⑤ 自上而下卷起，注意力度均匀，以指腹压紧收口处。（图5）

⑥ 卷起后捏紧收口。（图6）

⑦ 双手手掌外侧略用力，搓成橄榄形状。（图7）

⑧ 将整形好的面团放在湿布上，沾湿表面。（图8）

⑨ 裹满白芝麻。将表面的白芝麻轻轻压实。（图9）

⑩ 有间隔地排入烤盘，做最后发酵，完成发酵后入烤箱烘烤。（图10）

爱心贴士

· 将芝麻小餐包从中间切开（不要切断），夹入沙拉和肉松。沙拉的种类可随意搭配。

酪梨鲜虾沙拉材料

酪梨、番茄、甜玉米、洋葱、虾仁、蛋黄酱、盐、现磨黑胡椒各适量

沙拉做法

酪梨去皮、核，切小粒。番茄去籽、汁，切小粒。洋葱切碎（可放冰水中浸泡以去除辣味，也可略翻炒），鲜虾汆烫后取虾仁。将所有材料混合后加蛋黄酱拌匀，入盐和黑胡椒调味。

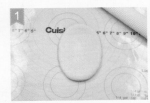
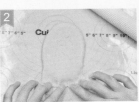
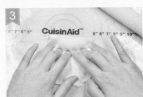

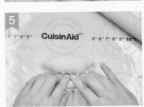
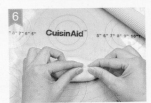

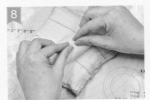

香葱面包

制作方式：直接法（参考本书p.8~16）

参考数量：4个

材料

甜面团材料：

高筋面粉400克，低筋面粉100克，砂糖100克，盐6克，干酵母5克，鸡蛋液60克（约1个），汤种100克，牛奶250克，黄油60克

甜面团制作过程：

将干性和湿性材料一起倒入搅拌机中搅拌。搅拌至面团表面光滑有弹性，加入黄油。再搅拌至面团能拉开光滑面膜即可。以室温30℃发酵50分钟，即成甜面团。

表面装饰：

蛋液适量，鲜葱50克，葱30克，芝士碎适量，沙拉酱50克，白芝麻适量

烘焙

上火200℃、下火180℃，13分钟

做法

① 将发酵完成的甜面团分割成60克/个，分别滚圆，松弛20分钟。（图1）

② 然后将面团擀开。（图2）

③ 在面饼一头均匀地切上刀口。（图3）

④ 卷成圆柱状的面团。（图4）

⑤ 放入纸托中，以温度30℃、湿度75%，发酵50分钟。（图5）

⑥ 发酵好后，表面刷上蛋液。（图6）

⑦ 撒上芝士碎和洋葱碎。（图7）

⑧ 撒上鲜葱。（图8）

⑨ 挤上沙拉酱，撒上白芝麻。（图9）

⑩ 放入烤箱，以上火200℃、下火180℃，烘烤13分钟。（图10）

德式全麦面包

制作方式：直接法（参考本书p.8~16）

参考数量：2个

材料

高筋面粉	400克
低筋面粉	100克
全麦面粉	180克
盐	8克
干酵母	10克
汤种	70克
全麦天然酵母种	75克
水	300克

表面装饰：黑麦粉

烘焙

上火210℃、下火200℃，喷蒸汽，40分钟

做法

① 将所有材料倒入搅拌机中。（图1）

② 以慢速2分钟、快速8分钟进行搅拌。（图2）

③ 搅拌至面团表面光滑有弹性，能拉开成面膜状即可。（图3）

④ 以室温发酵40分钟。（图4）

⑤ 发酵完成后，将面团各分割成400克/个和100克/个的面团，分别滚圆，松弛30分钟。（图5）

⑥ 将100克面团擀开呈圆形，将400克面团放入中间，然后用面皮包起来。（图6）

⑦ 包成南瓜形状。（图7）

⑧ 将面团放入烤盘发酵，以温度30℃、湿度75%，最后发酵50分钟，发酵完成，表面撒上黑麦粉。（图8~9）

⑨ 放入烤箱，以上火210℃、下火200℃，喷蒸汽，烘烤40分钟左右即成。（图10）

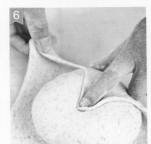

材料

A： 黄油10克，洋葱末50克，罐头金枪鱼100克，
黑胡椒粉1/4小匙，盐1/8小匙，马苏里拉芝士
40克

B： 面包粉（或高筋面粉）150克，低筋面粉50克，
细砂糖15克，盐1/4小匙，鸡蛋50克，酵母粉2.5
克，牛奶70克，黄油25克，白芝麻适量

准备

① 黄油提前从冰箱中取出，在室温下软化至用手
指可轻松压出手印，切小块。

② 马苏里拉芝士切碎。

③ 鸡蛋从冰箱里取出，在室温下回温，打散成
蛋液。

金枪鱼面包

制作方式：直接法（参考本书p.8~16）

参考数量：6个

烘焙

上下火，180℃，中层，15分钟

做法

① 软化黄油块放入凉锅中，小火将黄油化开。（图1）

② 加入洋葱末煸炒出香味，炒软后熄火。（图2）

③ 加入金枪鱼、黑胡椒粉、盐，翻炒均匀。（图3）

④ 放凉后加入马苏里拉芝士碎拌匀，分成6份，备用。（图4）

⑤ 用直接法和面，用B料中除白芝麻外的材料和好达到扩展阶段的面团，置于温暖处发酵至体积2倍大。（图5）

⑥ 将面团分割成每份60克的剂子，共6份，分别滚圆，盖上保鲜膜松弛15分钟。（图6）

⑦ 用排气擀面棍将面剂子擀成椭圆形面片，用刮刀翻面，在面片中间位置平铺1份内馅。（图7）

⑧ 把面片调转90°，将面片两边向上收起，捏紧收口部分。（图8）

⑨ 翻面，在面团表面刷上薄薄的全蛋液。

⑩ 白芝麻平铺在盘子上，放入面团，使刷蛋液的一面粘满芝麻，即成面包坯。将6个面包坯同样做好。（图10）

⑪ 将所有面包坯均匀地摆放在烤盘上，互相之间保持一定的间距，盖上保鲜膜，置温暖处进行第二次发酵。

⑫ 待面团发酵至原体积2倍大后，第二次发酵结束。烤盘放入预热好的烤箱中层，以180℃、上下火烘烤15分钟即可。（图12）

迷迭香起司棒

制作方式：直接法（参考本书p.8~16）

参考数量：9个

材料

高筋面粉	350克
低筋面粉	150克
盐	8克
麦芽精	2克
黄油	10克
干酵母	3克
水	320克
迷迭香	10克
黑芝麻	25克
芝士粉	25克
罗勒	5克

表面装饰：芝士丝、白芝麻

烘焙

上火210℃、下火200℃，喷蒸汽，20分钟

做法

① 将所有材料倒入搅拌机搅拌至面团光滑，加入黄油。（图1）

② 再搅拌至面团能拉开面膜即可。（图2）

③ 以室温30℃，发酵60分钟。（图3）

④ 将面团用手轻轻按压排气。（图4）

⑤ 将面团擀开至0.5厘米厚。（图5）

⑥ 用刀分割成100克/条。（图6）

⑦ 放入烤盘，以温度30℃、湿度75%，发酵30分钟。（图7）

⑧ 发酵好后，在表面撒上芝士丝。（图8）

⑨ 撒上白芝麻。（图9）

⑩ 放入烤箱，以上火210℃、下火200℃，喷蒸汽，烘烤20分钟即成。（图10）

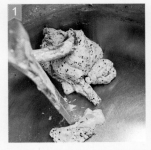
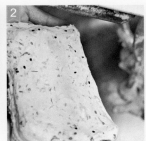

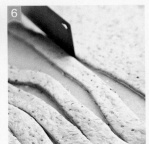
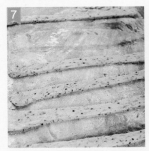

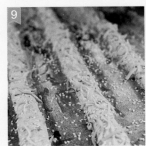

培根可颂

参考数量：12个

材料

丹麦面团600克

馅料：培根2片，黑胡椒适量

表面装饰：芝士粉、蛋液

烘焙

上火210℃、下火200℃，16分钟

（丹麦面团制作参考本书p.39）

做法

① 将丹麦面团擀压至0.4厘米厚，分割成宽10厘米、高20厘米的三角形。（图1）

② 面片上放入培根和黑胡椒。（图2）

③ 从一边向面片的锐角卷成羊角形。

④ 放入烤盘，以温度28℃、湿度75%，发酵50分钟。发酵好后，表面刷上蛋液，撒上芝士粉。（图4）

⑤ 放入烤箱，以上火210℃、下火200℃，烘烤16分钟即成。（图5）

第四章

经典吐司

平淡的、甜蜜的、纯粹的、
万能的吐司！

红豆吐司/抹茶红豆吐司/双色红豆吐司

微微清苦的抹茶和软糯绵甜的蜜红豆本来就是最完美的搭配。将面团玩出新意，利用不同的模具，制作漩涡纹理的双色吐司吧！

制作方式： 直接法（参考本书p.8~16）

参考数量： 1个

使用模具： 450克吐司模

材料

原味面团：

高筋粉250克，细砂糖30克，盐3克，酵母3克，全蛋液52克，牛奶30克，水90克，黄油30克

配料： 蜜红豆100克

表面装饰： 全蛋液

双色抹茶面团：面团揉好，分出一半面团，加入3~5克抹茶揉匀。（图1）

准备

· 后油法将面团揉至完全阶段 ⇒ 基础发酵 ⇒ 排气 ⇒ 滚圆松弛15分钟

烘焙

450克吐司模（不加盖），上火190℃、下火210℃，中下层，35分钟

心形吐司模和250克吐司模（加盖），上下火，190℃，中层，30分钟

做法

单色红豆吐司（以抹茶红豆吐司为例）

① 将松弛好的面团擀成短边略小于吐司盒长度的长方形大片，翻面后压薄底边，均匀地铺上蜜红豆。（图2）

② 自上而下卷起并捏紧收口，收口向下放入吐司盒中，最后发酵至约九分满，入烤箱烘烤。（图3~4）

双色红豆吐司

① 将发酵好的原味和抹茶味面团排气，滚圆松弛15分钟。（图5）

② 将两个面团分别擀开后重叠放置，边长要略小于模具的长度，表面均匀铺满蜜红豆。（图6）

③ 自上而下卷起，捏紧收口。（图7）

④ 将整形好的面团置于模具中进行最后发酵，入烤箱烘烤。（图8）

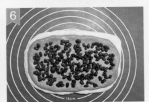
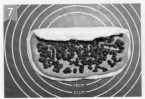

黑芝麻芝士吐司

制作方式：直接法（参考本书p.8~16）

参考数量：3个

材料

高筋面粉400克，低筋面粉100克，盐6克，砂糖100克，干酵母8克，鸡蛋60克（约1个），牛奶100克，汤种50克，水180克，黄油50克，黑芝麻60克

墨西哥酱：糖粉100克，鸡蛋100克（约2个），黄油100克，低筋面粉100克，将所有材料一起搅拌均匀即可。

馅料：芝士丁

表面装饰：蛋液、芝士丁

烘焙

上火170℃、下火210℃，35分钟

做法

① 将所有材料（除黄油、黑芝麻外）一起搅拌，至面团光滑有弹性，加入黄油搅拌，再加入黑芝麻。（图1）

② 搅拌至面团能拉开面膜即可。（图2）

③ 以室温30℃，基本发酵40分钟。（图3）

④ 将面团分割成400克/个。（图4）

⑤ 分别滚圆，松弛20分钟。（图5）

⑥ 将60克芝士丁包入面团。（图6）

⑦ 将包好芝士丁的面团擀开。（图7）

⑧ 切两刀分成3条。（图8）

⑨ 将面团编成辫子。（图9）

⑩ 将接头压紧。（图10）

⑪ 放入450克模具中，以温度30℃、湿度75%，发酵50分钟，发酵至模具的九成满。（图11）

⑫ 表面刷上蛋液。（图12）

⑬ 挤上墨西哥酱，撒上芝士丁。（图13）

⑭ 放入烤箱，以上火170℃、下火210℃，烘烤35分钟即成。（图14）

芝麻吐司

这款吐司本身较为清淡，但是炒香的黑芝麻经过研磨爆发出的香味格外突出，可以随意搭配各种食材。

制作方式：直接法（参考本书p.8~16）
参考数量：1个
使用模具：450克吐司模

材料

高筋粉	250克
细砂糖	10克
盐	3.5克
酵母	3.5克
水	130克
牛奶	50克
奶粉	12克
黄油	15克
黑芝麻（炒熟）	20克

（提前将炒熟的黑芝麻研磨或擀压后使用）

表面装饰：白芝麻（炒熟）

烘焙

上火190℃、下火210℃，中下层，30分钟

准备

·后油法将面团揉至完全阶段 ➡ 加入研磨过的黑芝麻，低速搅拌混合均匀 ➡ 基础发酵 ➡ 排气 ➡ 分割成2份 ➡ 滚圆松弛15分钟

做法

① 将松弛好的面团整形成与吐司模长度相当的圆柱形。（图1~4）

② 用湿毛巾沾湿面团表面，沾满白芝麻。将两条面团并排收口朝下，排列在吐司模中。（图5）

③ 发酵至九分满，入烤箱烘烤。（图6）

椰蓉吐司

一点点椰蓉的嚼劲儿，一点点椰子的清香，金灿灿的，看起来让人胃口大开！

材料

高筋面粉	250克
细砂糖	30克
盐	2克
酵母	3克
奶粉	8克
全蛋液	32克
牛奶	142克
黄油	30克

馅料：椰蓉馅

表面装饰：全蛋液

椰蓉馅材料

黄油	30克
细砂糖	30克
全蛋液	30克
牛奶	30克
椰蓉	60克

椰蓉馅做法

① 黄油软化，加入细砂糖打发。

② 分次加入全蛋液，搅拌至完全吸收。

③ 分次加入牛奶，搅拌至完全吸收。

④ 一次性加入椰蓉，混合均匀。

爱心贴士

· 在最后加入牛奶的过程中，会有少许油水分离，无须担心。加入椰蓉后混匀，静置一会儿再使用，可使椰蓉充分吸收液体材料。

制作方式：直接法（参考本书p.8~16）

参考数量：1个

使用模具：450克吐司模

烘焙

上火190℃、下火210℃，中下层，35分钟

准备

· 后油法将面团揉至完全阶段 ⇒ 基础发酵 ⇒ 排气 ⇒ 滚圆松弛15分钟

做法

① 松弛好的面团擀成大片，翻面后铺满椰蓉馅。（图1）

② 自上而下卷起。（图2）

③ 收口处捏紧。（图3）

④ 顺着面团纵向对切。（图4）

⑤ 切口朝上交叉缠绕，扭成麻花状。整理面团并将两端收入底部。（图5）

⑥ 均匀地摆在吐司盒里进行最后发酵，约九分满时在表面刷蛋液，入预热好的烤箱烘烤。（图6）

蔓越莓吐司

制作方式：直接法（参考本书p.8~16）

参考数量：3个

材料

高筋面粉	400克
低筋面粉	100克
砂糖	90克
盐	8克
干酵母	8克
鸡蛋	50克（约1个）
汤种	100克
鲜奶油	50克
水	250克
黄油	50克
蔓越莓干	150克

表面装饰：**蛋液**

烘焙

上火170℃、下火210℃，28分钟

做法

① 将干性材料和湿性材料（除黄油外）一起放入搅拌机搅拌，至面团光滑有弹性，再加入黄油搅拌至面团光滑，再加蔓越莓干搅拌均匀。（图1）

② 以室温基本发酵50分钟。（图2）

③ 将面团分割成150克/个。（图3）

④ 将面团滚圆，松弛30分钟。（图4）

⑤ 将面团擀开，对折，松弛10分钟。（图5）

⑥ 将面团再次擀开。（图6）

⑦ 卷成圆柱形。（图7）

⑧ 放入450克吐司模具中，以温度30℃、湿度75%，发酵40分钟。（图8）

⑨ 发酵至模具九分满，表面刷上蛋液。（图9）

⑩ 放入烤箱，以上火170℃、下火210℃，烘烤28分钟即成。（图10）

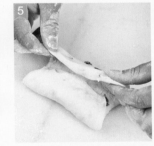
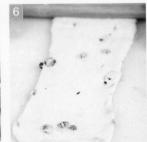

番茄起司

这款吐司偏西洋风味，由极具营养价值的小番茄、帕马森起司粉和西洋香菜来调和口味，淡淡的海盐味道在浓郁口感中带出一丝清新。

制作方式：**直接法**（参考本书p.8~16）

参考数量：2个

使用模具：250克吐司模

材料

高筋面粉	250克
细砂糖	25克
盐	4.5克
酵母	3克
奶粉	8克
全蛋液	25克
淡奶油	25克
牛奶	50克
水	75克
帕马森起司粉	25克
黄油	25克
配料：	
黑胡椒	1.5克
小番茄（切块）	55克
干洋香菜	1克

烘焙

上火190℃、下火210℃ ，中下层，30分钟

做法

① 直接法将面团揉至光滑，加黄油充分揉匀，加入配料，低速搅拌至吸收。（图1）

② 加盖保鲜膜，基础发酵至原体积2倍大。（图2）

③ 取出完成发酵的面团，排气后分割成4等份，滚圆，松弛20分钟。（图3）

④ 依p.93吐司的整形方法整形。（图4）

⑤ 盖保鲜膜，最后发酵至九分满，表面刷全蛋液，入烤箱烘烤。（图5）

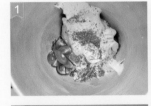

黑糖全麦吐司

黑糖甜而不腻，有着白砂糖无法企及的深远味道。这款面包风味浓郁、柔软而有韧性。

制作方式：汤种法（参考本书p.18）

参考数量：1个

使用模具：450克吐司模

材料

汤种面团	50克
高筋面粉	200克
全麦粉	20克
黑糖（提前与配方中的水混合加热融化，晾凉后使用）	40克
水	167克
盐	3克
酵母	3克
黄油	25克
黑糖	60克

准备

· 汤种面团切小块，与主面团材料混合，揉至完全阶段 ⇒ 基础发酵 ⇒ 排气 ⇒ 分割成3份 ⇒ 滚圆松弛15分钟

烘焙

上火180℃、下火210℃，中下层，35分钟

做法

① 取一份松弛好的面团，擀成椭圆形。（图1）

② 翻面后横向放置，压薄底边，将20克黑糖铺在上半部分。（图2）

③ 自上而下卷起。（图3）

④ 捏紧收口。（图4）

⑤ 依次做好三个面团，如图放置（撒少许手粉会更便于操作）。（图5）

⑥ 编成三股辫，两端捏紧。（图6）

⑦ 放置在吐司盒里整理好两端，盖保鲜膜进行最后发酵。（图7）

⑧ 发酵至九分满时，刷全蛋液，入烤箱烘烤。（图8）

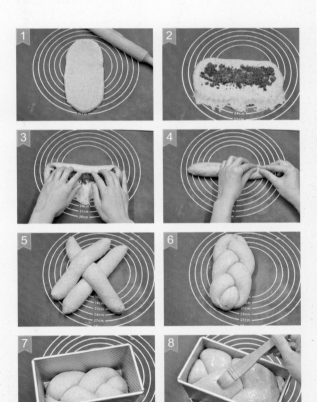

爱心贴士

· 黑糖颗粒较粗且不易融化，因此一定要和原料中的水一起煮至化开，晾凉后再用来揉面。

鸡蛋吐司

制作方式：直接法（参考本书p.8~16）

参考数量：3个

使用工具：450克吐司盒

准备

· 直接法制成基础发酵面团。

材料

A：高筋面粉280克，细砂糖40克，酵母粉1小匙，
鸡蛋2颗（100克），清水85克，奶粉2大匙，
细盐（1/2+1/4）小匙

B：黄油25克，蛋白液适量

做法

① 将面团揉至可拉出大片薄膜，放置面盆内发酵
至原体积2.5倍大。（图1）

② 首次发酵完成后，分割成3等份，滚圆松弛15
分钟。（图2）

③ 将面团擀成椭圆形。（图3）

④ 翻面，将两对边分别向中间对折。（图4）

⑤ 用手按压排气。（图5）

⑥ 擀成和模具等宽的长条。（图6）

⑦ 由上向下卷起。（图7）

⑧ 卷好的样子如图所示。（图8）

⑨ 将内口靠紧模具内壁，均匀地排放好3个面
团，盖上保鲜膜进行最后发酵。面团涨至九
分满时，刷蛋白液。（图9）

⑩ 烤箱于200℃预热，以上下火、180℃、底层烤
35~40分钟。烤10分钟后，见表面上色已深时
要加盖锡纸。（图10）

烘焙

上下火，180℃，底层，35~40分钟

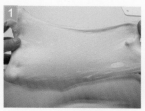

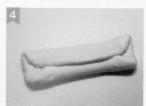
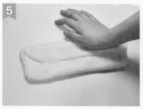

爱心贴士

· 鸡蛋吐司含蛋量高，很容易上色，只需在表面刷蛋白液即可。烤制过程中，要提早加盖锡纸
以免表面上色过深。刚烤好的吐司很柔软不要急于切片，要待其完全冷却后再切片。

巧克力吐司

巧克力能给人充足的能量。无论是作为早餐还是零食，都很有满足感。

制作方式： 直接法 （参考本书p.8~16）

参考数量： 3个

使用模具： 450克吐司模

材料

高筋面粉	235克
可可粉	15克
细砂糖	26克
盐	3克
酵母	3克
牛奶	180克
黄油	20克
耐烘焙巧克力豆	60克

准备

· 后油法将面团揉至完全阶段 ➡ 基础发酵 ➡ 排气 ➡ 分割成3份 ➡ 滚圆，松弛15分钟

烘焙

上火190℃、下火210℃，中下层，30分钟

做法

① 分割后的面团滚圆，松弛15分钟左右。（图1）

② 取一份面团擀成椭圆形。（图2）

③ 翻面后拉起四角，整理成长方形。（图3）

④ 在中间部分均匀铺满巧克力豆。（图4）

⑤ 左右两侧各向中间折叠一次，略拍扁。（图5）

⑥ 表面再铺一层巧克力豆。（图6）

⑦ 自上而下卷起。（图7）

⑧ 底边压薄，收口处捏紧。（图8）

⑨ 依次做好3个面团，排入吐司盒，盖保鲜膜进行最后发酵。（图9）

⑩ 待发酵至九分满时，表面喷水，入预热好的烤箱烘烤。（图10）

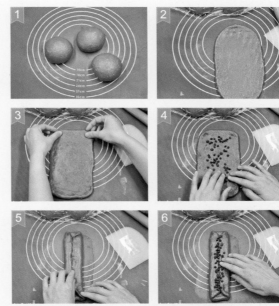

紫米吐司

制作方式：直接法　（参考本书p.8~16）

参考数量：1个

材料

高筋面粉	450克
紫米粉	50克
砂糖	40克
盐	10克
干酵母	6克
鸡蛋	25克
牛奶	25克
豆腐	50克
黑麻油	25克
水	250克
燕麦	100克

烘焙

上火210℃、下火200℃，30~40分钟

做法

① 将干性材料（除黄油外）和湿性材料一起放入搅拌机，搅拌至面团光滑有弹性，再加入黄油。（图1）

② 搅拌至面团能拉开光滑面膜即可。（图2）

③ 以室温30℃，基本发酵60分钟。（图3）

④ 发酵好后，将面团分割成200克/个。（图4）

⑤ 将面团按压排气，对折。（图5）

⑥ 将面团擀开。（图6）

⑦ 将面团卷成圆柱形。（图7）

⑧ 放入1000克吐司模具中。（图8）

⑨ 以温度30℃、湿度75%，发酵60分钟，发酵至模具的八分满，盖上吐司模具盖。（图9）

⑩ 放入烤箱，以上火210℃、下火200℃，烘烤30~40分钟即成。（图10）

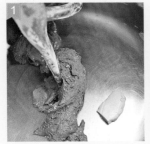

肉桂核桃蔓越莓吐司

制作方式：直接法（参考本书p.8~16）

参考数量：1个

使用模具：450克吐司模

烘焙

上火180℃、下火210℃，中下层，35分钟

准备

· 蔓越莓用温水洗净，沥干水。核桃以170℃烤8分钟至出香味，晾凉后切小块。

· 将面团揉至完全阶段 ⇒ 取出面团，以折叠的方式将蔓越莓和核桃混合均匀 ⇒ 基础发酵 ⇒ 排气 ⇒ 滚圆松弛20分钟

做法

① 取出松弛好的面团，擀成宽度略窄于吐司盒的长方形面片。（图1）

② 翻面，自上而下卷起。（图2）

③ 将收口处捏紧。（图3）

④ 整理好形状，放在吐司盒中，盖保鲜膜，最后发酵。（图4）

⑤ 发酵至九分满，在表面喷水，入烤箱烘烤。（图5）

⑥ 出炉后震模一次，立即脱模，趁热在吐司表面刷化开的黄油，并将肉桂糖筛在表面，待晾至微温时密封保存。（图6）

爱心贴士

· 面团本身低糖低油，但是大量的蔓越莓提供了酸甜口感，加之核桃的香味以及未入口就已经散发温暖气息的肉桂，每一口都有大大的满足。

材料

高筋面粉	250克
肉桂粉	2.5克
细砂糖	25克
盐	4克
酵母	3.5克
水	93克
牛奶	57克
全蛋液	25克
黄油	20克
蔓越莓	100克
核桃	65克

表面装饰：

融化黄油

肉桂糖（肉桂粉和细砂糖以1:1的比例混合）

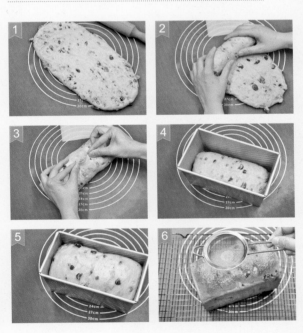

黑芝麻番薯吐司

有着浓浓田园气息的面包。

制作方式：直接法（参考本书p.8~16）

参考数量：3个

使用模具：450克吐司模

材料

高筋面粉	250克
细砂糖	35克
盐	3克
酵母	3克
奶粉	10克
水	132克
全蛋液	25克
黄油	35克
黑芝麻	1大勺
熟番薯	100克

表面装饰：全蛋液

烘焙

上下火，185℃，中层，35~40分钟

准备

· 番薯蒸熟或煮熟后去皮，切1厘米见方的小块 ⇒ 后油法将面团揉至完全阶段 ⇒ 加入黑芝麻，低速混合均匀 ⇒ 基础发酵 ⇒ 排气 ⇒ 分割成3份 ⇒ 滚圆松弛15分钟

做法

① 取一份松弛好的面团，擀成椭圆形。（图1）

② 翻面，两边各向中间折叠一次。（图2）

③ 按平后擀长，压薄底边，铺上番薯粒。（图3）

④ 自上而下卷起，尽可能不要留有空隙，收口处捏紧。（图4）

⑤ 依次将三个面团做好。卷入的番薯粒最好一样多，保证三个卷的大小一致。（图5）

⑥ 入模，最后发酵至九分满，表面刷全蛋液，入烤箱烘烤。（图6）

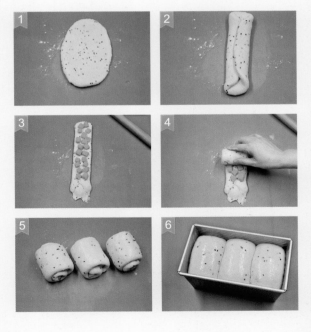

红豆酥菠萝吐司

制作方式： 直接法（参考本书p.8~16）

参考数量： 1个

使用工具： 450克吐司盒、擀面杖、锡纸

酥菠萝皮材料

黄油40克，糖粉30克，全蛋液15克，低筋面粉55克，奶粉10克，细盐1/8小匙

酥菠萝皮做法

① 黄油于室温下软化，加入糖粉、细盐搅打至松发，分次加入全蛋液搅拌均匀。

② 加低筋面粉及奶粉，用橡皮刮刀翻拌成面团。

③ 用保鲜膜将整合成团的酥菠萝皮擀成比吐司盒略小的长方块，放入冰箱冷藏，备用。

面团材料

A: 高筋面粉250克，细砂糖30克，鸡蛋40克，鲜奶125克，酵母粉（1/2+1/4）小匙，细盐1/2小匙

B: 黄油20克

C: 蜜红豆120克

面包做法

① 发酵面团（无需分割）直接用双手滚圆，盖上保鲜膜松弛15分钟。（图1）

② 面团擀成长方片（19cm×24cm），面皮的下端撑开以增加黏度。（图2）

③ 在面团表面铺上沥干水分的蜜红豆，由上向下卷起。（图3）

④ 将卷好的面团底部捏紧，收口。（图4）

⑤ 将面团平放在吐司盒中间，盖上保鲜膜进行最后发酵。（图5）

⑥ 当面团发酵至六分满时，取出事先制好的酥菠萝皮，平铺在面团表面即可。（图6）

⑦ 烤箱于200℃预热，以上下火、180℃、底层烤40分钟。(20分钟时需加盖锡纸以免烤焦)（图7~8）

烘焙

上下火，180℃，底层，烤40分钟

准备工作

· 直接法制成发酵面团

爱心贴士

· 将面团擀制成长方片时，如果面团松弛不够就不容易擀干，只要盖上保鲜膜继续松弛10分钟即可。

黑芝麻面包

制作方式：直接法（参考本书
p.8~16）

参考数量：1个

材料

面包粉300克，鸡蛋45克，
清水145克，盐2克，白糖30
克，黄油 30克，黑芝麻20
克，酵母粉3克

做法

① 将食盐最先放在面包桶内，再倒入面包粉、鸡蛋、清水、白糖和酵母粉。（图1）

② 按下面包机的"和面"程序，先和面15分钟。

③ 然后打开机盖，加入黄油块（图3）。

④ 开启"甜面包程序"选择"750克"烧色"浅"至机器行至"2：10"时，放入黑芝麻搅拌。

⑤ 搅拌完毕后，面包开始发酵，至"1：00"时面包开始烘烤。（图5）

⑥ 至程序完成时，马上戴上手套将面包桶取出，倒出面包。（图6）

第五章

乡村、软欧面包

朴实的欧风面包透出谷物的香气!

迷你黑麦小餐包

制作方式：中种法（参考本书p.17）

参考数量：8个

使用模具：烤盘

材料

中种材料：

高筋面粉	100克
黑麦粉	25克
酵母	4克
水	75克

主面团材料：

高筋面粉	100克
黑麦粉	25克
细砂糖	10克
盐	3克
水	118克
黄油	5克

烘焙

上下火，200℃，中层，20分钟

准备

· 中种材料混合均匀，室温发酵至原体积3~4倍大（或室温发酵1小时，冷藏延时发酵24小时）➡ 将发酵好的中种材料撕碎，混合主面团材料，后油法揉至光滑 ➡ 基础发酵 ➡ 排气 ➡ 分割8等份 ➡ 滚圆松弛15分钟

做法

松弛好的面团重新压扁，排气，滚圆后置于烤盘，筛少许高筋粉，用利刀在表面割出纹路。二次发酵至原体积2倍大左右，入烤箱烘烤。

青酱乡村面包

制作方式：直接法（参考本书p.8~16）

参考数量：3个

材料

高筋面粉	374克
全麦粉	100克
黑麦粉	26克
盐	10克
蜂蜜	10克
全麦天然酵种	225克
水	230克
培根丁	130克
青酱	60克

表面装饰：芝士、黑麦粉

烘焙

上火210℃、下火200℃，喷蒸汽，40分钟

做法

① 将所有材料一起倒入搅拌机中，搅拌至面团光滑有弹性，拉开呈面膜状。（图1）

② 放入盆中室温发酵40分钟。（图2）

③ 将发酵好的面团翻面，让面团增加弹性，每40分钟翻一次，共翻3次。（图3）

④ 将发酵好的面团分割成400克/个。（图4）

⑤ 将面团滚圆。（图5）

⑥ 放入烤盘，以温度28℃、湿度75%，发酵90分钟。（图6）

⑦ 发酵好后，在面团表面撒上黑麦粉，划上"十"字刀口。在刀口处放上芝士。（图7）

⑧ 放入烤箱，以上火210℃、下火200℃，喷蒸汽，烘烤40分钟即成。（图8）

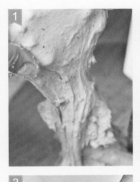
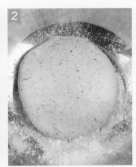

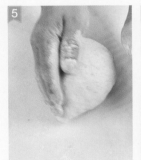

乡村胚芽面包

制作方式：直接法（参考本书p.8~16）
参考数量：1个

材料

高筋面粉	400克
胚芽粉	100克
盐	10克
蜂蜜	10克
全麦天然酵种	225克
水	230克

表面装饰：全麦粉

烘焙

上火220℃、下火200℃，喷蒸汽，40分钟

做法

① 将所有材料一起搅拌，至面团光滑有弹性。（图1）

② 将面团放入盆中，发酵40分钟。（图2）

③ 将发酵好的面团翻面，让面团增加弹性，每40分钟翻一次，共翻3次。（图3）

④ 将发酵好的面团分割成500克/个。（图4）

⑤ 将面团放进撒入全麦粉的藤碗中，以温度28℃、湿度75%，发酵60分钟。（图5）

⑥ 发酵好后，将面团从藤碗中倒扣入烤盘。（图6）

⑦ 在面团表面划上十字刀口。（图7）

⑧ 放入烤箱，以上火220℃、下火200℃，喷蒸汽，烘烤40分钟即成。（图8）

香蕉巧克力乡村

制作方式：直接法（参考本书p.8~16）

参考数量：1个

使用模具：烤盘

浓浓田园气息的乡村面包，无糖无油，添加黑麦，口感上会略显粗糙且不够柔软，但是长时间的发酵可以激发足够的麦香，细细品尝也别有一番滋味。这款乡村面包加入了熟透的香蕉泥和少许蜂蜜，也添加了大量配料，有效改善了口感，使得大家更容易接受。

材料

A	香蕉泥	100克
	柠檬汁	6克
B	高筋粉	250克
	低糖酵母	3克
	盐	3克
	蜂蜜	10克
	牛奶	96克
C	核桃	50克
	巧克力块	50克

表面装饰： 黑麦粉

烘焙

上下火，230℃，中层，25~30分钟

准备

· A料：熟透的香蕉去皮，用叉子压成泥，拌入柠檬汁。

· C料：核桃烤出香味，切碎，巧克力切碎。

· 将香蕉泥和B料中的所有材料混合，搅拌至不粘缸的光滑状态 ➡ 基础发酵至原体积2倍大 ➡ 简单排气 ➡ 折叠翻面 ➡ 延时发酵至原体积2~2.5倍大 ➡ 排气 ➡ 滚圆 ➡ 松弛20分钟

做法

① 松弛好的面团擀成长方形的大片。（图1）

② 均匀地摆上C料。（图2）

③ 自上而下卷起。（图3）

④ 收口处捏紧并朝下放置。（图4）

⑤ 盖保鲜膜，最后发酵至原体积2倍左右，表面筛黑麦粉，用刀割划出喜欢的纹路，入烤箱烘烤。（图5）

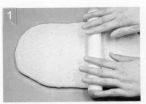

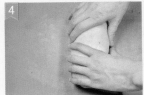

法国乡村长棍面包

参考数量：3个

材料

液态种：

高筋面粉	150克
黑麦粉	100克
水	250克
干酵母	1克

液态种制作：

用手将所有材料一起搅拌均匀，室温发酵3小时，冷藏发酵一夜，备用。

主面团：

高筋面粉	250克
盐	10克
干酵母	2克
水	50克
麦芽精	5克
全麦天然酵种	100克

法国乡村长棍面包做法

① 发酵好后，将面团分割成长条形，300克/个。（图1）

② 将长条形扭成麻花状。（图2）

③ 注意3根面棍的长短要一致。（图3）

④ 放入烤盘，以温度30℃、湿度75%，发酵60分钟。（图4）

⑤ 发酵至原体积的2倍大。（图5）

⑥ 放入烤箱，以上下火220℃，喷蒸汽，烘烤30分钟即成。（图6）

烘焙

上下火，220℃，喷蒸汽，30分钟

乡村面团做法

① 将液态种和干性、湿性材料一起搅拌，至面团光滑、有弹性即可。

② 以室温30℃，发酵60分钟。

③ 翻面后再发酵60分钟。

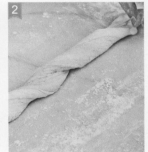

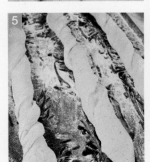

黑麦葡萄干乡村面包

添加了黑麦的面包都会有一点淡淡的酸味，加上一点甜甜的葡萄干，口味就变得清爽起来。

制作方式：直接法（参考本书p.8~16）

参考数量：1个

使用模具：圆形藤篮

准备

· A料混合后密封冷藏过夜，使葡萄干充分吸收酸奶，变得柔软湿润，此时将葡萄干沥出，留下酸奶，备用。

· 将浸泡葡萄干的酸奶和B料所有材料混合 ⇨ 搅拌至不粘缸的状态 ⇨ 加入浸泡过的葡萄干，低速搅拌均匀 ⇨ 基础发酵至原体积2倍大 ⇨ 取出后简单排气 ⇨ 折叠 ⇨ 延时发酵至原体积2~2.5倍大

材料

A	原味酸奶	120克
	葡萄干	50克
B	高筋面粉	220克
	黑麦粉	30克
	低糖酵母	3克
	盐	4克
	柠檬汁	5克
	水	75克

表面装饰：黑麦粉

烘焙

230℃，上下火，中层，25~30分钟

做法

① 完成两次发酵的面团取出后排气，再次整理成圆形。（图1）

② 圆形藤篮内筛入高粉。将整理好的面团收口朝上置于篮中，盖湿布，进行最后发酵。（图2）

③ 面团膨胀至原体积2倍大左右。（图3）

④ 倒扣在烤盘上，筛黑麦粉。（图4）

⑤ 用利刀割出"十"字切口，入烤箱烘烤。（图5）

乡村拐杖面包

参考数量：6个

材料

种面团：

高筋面粉	250克
水	160克
盐	4克
干酵母	1克

种面团制作：

将所有材料搅拌均匀，冷藏发酵一夜，备用。

主面团：

高筋面粉	200克
黑麦粉	50克
盐	6克
水	160克
干酵母	2克
全麦天然酵种	100克
麦芽精	2克

做法

① 将发酵好的种面团和主面团一起倒入搅拌机搅拌。（图1）

② 搅拌至面团光滑有弹性，能拉开面膜。（图2）

③ 以室温28℃，发酵60分钟。（图3）

④ 发酵好后，将面团分割成150克/个，分别滚圆，松弛30分钟。

⑤ 将面团按压排气。（图5）

⑥ 再将面团对折。

⑦ 卷成橄榄形。（图7）

⑧ 放入烤盘，以30℃、湿度75%，发酵60分钟。（图8）

⑨ 发酵好后，撒上低筋面粉，划上刀口。（图9）

⑩ 放入烤箱，以上火220℃、下火200℃，喷蒸汽，烘烤25~30分钟即成。（图10）

烘焙

上火220℃、下火200℃，喷蒸汽，25~30分钟

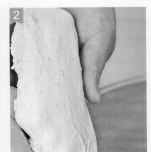

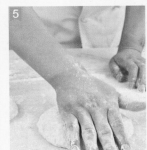

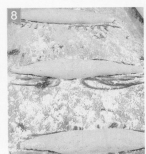
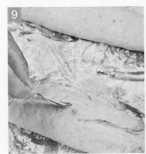

德式乡村烟袋面包

制作方式：直接法（参考本书p.8~16）

参考数量：3个

材料

高筋面粉	300克
低筋面粉	200克
盐	6克
干酵母	8克
汤种	70克
全麦天然酵母种	75克
水	300克
蔬菜	200克

馅料：

洋葱	适量
胡萝卜	适量
青椒	适量

表面装饰：黑麦粉

烘焙

上火210℃、下火200℃，喷蒸汽，30分钟

做法

① 将洋葱、胡萝卜、青椒洗净切成小丁，倒入橄榄油爆香，冷却备用。（图1）

② 将所有材料倒入搅拌机中。（图2）

③ 搅拌至面团表面光滑、有弹性，再加入备用的蔬菜丁搅拌均匀。（图3）

④ 以室温发酵40分钟。（图4）

⑤ 将发酵完成的面团分割成350克/个。（图5）

⑥ 将面团分别滚圆，松弛30分钟。（图6）

⑦ 将面团从中间一半擀开。（图7）

⑧ 将擀开的一半贴在另一半面团上。（图8）

⑨ 以温度30℃、湿度75%，最后发酵40分钟左右，发酵好后，表面撒上黑麦粉。（图9）

⑩ 放入烤箱，以上火210℃、下火200℃，喷蒸汽，烘烤30分钟左右即成。（图10）

黑糖全麦果仁软欧

制作方式：直接法（参考本书p.8~16）

参考数量：2个

使用模具：烤盘

材料

高筋粉	230克
全麦粉	20克
盐	2克
酵母	3克
黑糖	35克
水	110克
全蛋	50克
黄油	25克
蔓越莓干	60克
核桃仁	60克

准备

· 蔓越莓干用40℃温水清洗，拭干水分。

· 核桃仁烤熟，切小块。

· 面团中的黑糖和水（加温）混合，融化后放凉。

· 后油法将面团揉至扩展阶段 ⇒ 将蔓越莓与核桃以折叠的方式混合均匀 ⇒ 基础发酵 ⇒ 排气 ⇒ 分割2等份 ⇒ 滚圆松弛15分钟

烘焙

200℃，上下火，中层，20分钟

做法

① 取一份面团擀成椭圆形。（图1）

② 翻面，将左右两侧的角折向中间，以指尖按压收紧。（图2）

③ 将上一步折叠形成的尖角折向中间位置。（图3）

④ 卷起后捏紧收口。（图4）

⑤ 整理成橄榄形，摆在烤盘上进行最后发酵。（图5）

⑥ 最后发酵完成，表面喷水、筛高粉，用利刀斜割几条口，入预热的烤箱中层烘烤。（图6）

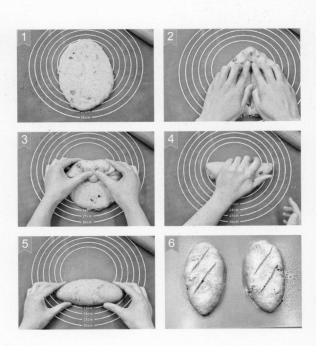

松子面包

制作方式：直接法（参考本书p.8~16）

参考数量：14个

材料

高筋面粉400克，低筋面粉100克，砂糖100克，盐6克，奶粉15克，蛋黄100克（约3个），干酵母5克，水200克，蜂蜜5克，黄油90克

表面装饰：松子仁200克，蛋液适量

墨西哥酱：糖粉50克，黄油50克，鸡蛋50克（约1个），低筋面粉50克。将所有材料一起搅拌均匀即可。

烘焙

上火200℃、下火180℃，13分钟

做法

① 将干性和湿性材料放入搅拌机，一起搅拌至面团表面光滑有弹性，加入黄油。（图1）

② 再搅拌至面团表面拉开面膜即可。（图2）

③ 以室温30℃，发酵50分钟。（图3）

④ 将面团分割成70克/个。（图4）

⑤ 分别滚圆，松弛20分钟。（图5）

⑥ 将面团卷成橄榄形。（图6）

⑦ 再将一边收起来，捏紧。（图7）

⑧ 面团表面刷上蛋液。（图8）

⑨ 裹匀松子仁。（图9）

⑩ 以温度30℃、湿度75%，发酵50分钟。（图10）

⑪ 在面团表面挤上墨西哥酱。（图11）

⑫ 放入烤箱，以上火200℃、下火180℃，烘烤13分钟。（图12）

摩卡乳酪

这是一款口味非常奢华的面包，口口都像在品一杯浓郁的"摩卡"。

制作方式： 直接法（参考本书p.8~16）

参考数量： 2个

使用模具： 烤盘

材料

材料	用量
高筋面粉	150克
黑麦粉	100克
可可粉	10克
细砂糖	25克
酵母	3克
盐	2.5克
咖啡	139克
淡奶油	45克
黄油	25克
巧克力豆	45克
配料	
奶油奶酪	120克
糖粉	20克

烘焙

上下火，220℃，中层，18~20分钟

准备

· 现磨咖啡豆萃取一杯咖啡原液，放凉后使用。

· 奶油奶酪软化，加入糖粉搅拌均匀。

· 用咖啡原液将面团揉至扩展 ⇒ 加入巧克力豆低速揉匀 ⇒ 基础发酵 ⇒ 排气 ⇒ 分割成2等份 ⇒ 滚圆松弛20分钟

做法

① 取一份松弛好的面团，擀成椭圆形，翻面后横向放置。（图1）

② 用裱花袋将奶油奶酪挤在面团前端。（图2）

③ 压薄底边，自上而下卷起。（图3）

④ 捏紧收口。（图4）

⑤ 将一端的开口拉开，略压扁，包裹住另一端，捏紧。（图5~7）

⑥ 整形好的面包坯排列在烤盘上进行最后发酵，发酵完成后喷水，筛黑麦粉，用利刀在表面割四条直线，入烤箱烘烤。（图8）

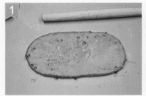

法式小面包

制作方式： 直接法（参考本书p.8~16）

参考数量： 8个

材料

高筋面粉	500克
盐	10克
蜂蜜	10克
全麦天然酵种	225克
水	230克

表面装饰：低筋面粉

烘焙

上火220℃、下火200℃，喷蒸汽，30分钟

做法

① 将所有材料一起倒入搅拌机中搅拌。（图1）

② 搅拌至面团光滑有弹性，能拉开面膜。（图2）

③ 放入盆中，发酵40分钟。（图3）

④ 将发酵好的面团进行翻面，让面团增加弹性，每40分钟翻一次，共翻3次。（图4）

⑤ 翻面发酵至原体积的1.5倍。（图5）

⑥ 将面团分割成120克/个，滚圆，松弛30分钟。（图6）

⑦ 将面团按压排气。（图7）

⑧ 然后对折卷起。（图8）

⑨ 卷成橄榄形。（图9）

⑩ 放入烤盘，以温度28℃、湿度75%，发酵60分钟。（图10）

⑪ 发酵好后，在面团表面撒上低筋面粉，划上刀口。（图11）

⑫ 放入烤箱，以上火220℃、下火200℃，喷蒸汽，烘烤30分钟即成。（图12）

肉松红豆

咸味的肉松遇上甜蜜的红豆,竟能产生如此和谐的"古早味"。

制作方式: 液种法(参考本书p.18)

参考数量: 2个

使用模具: 烤盘

材料

中种材料:

高筋面粉	100克
水	100克
酵母	1克

主面团材料:

高筋面粉	210克
全麦粉	20克
黑麦粉	20克

可可粉	10克
红糖	20克
盐	3克
酵母	3克
黑糖	35克
水	140克
黄油	10克

配料: 肉松、蜜红豆、芝麻

烘焙

上下火,220℃,中层,18~20分钟

做法

① 液种法制成面团。将完成发酵的面团排气,分割出两只30克小面团。剩余的面团平均分为两份,滚圆、松弛。(图1)

② 将大面团擀开,呈椭圆形,翻面后铺满肉松和红豆。(图2)

③ 自上而下卷成橄榄形。(图3)

④ 捏紧收口。(图4)

⑤ 小面团搓长。在一侧喷水并沾满芝麻。(图5)

⑥ 用剪刀斜着剪几刀。(图6)

⑦ 在整形好的面团表面喷水,将小面团纵向放置在中间位置。(图7)

⑧ 将切开的面团左右拉开,形成叶子形状。将其发酵至原体积2倍大,入烤箱烘烤。(入烤箱后记得喷水)(图8)

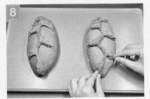

养生牛蒡核桃面包

参考数量：8个

材料

高筋面粉	350克	汤种	50克
低筋面粉	150克	水	350克
杂粮粉	50克	黄油	20克
黑麦粉	50克	核桃碎	100克
砂糖	50克	葡萄干	70克
干酵母	7克	牛蒡	150克
盐	6克	表面装饰：黑麦粉	

烘焙

上火200℃、下火200℃，喷蒸汽，30分钟

做法

① 将牛蒡洗净，切小丁，用橄榄油爆香。（图1）

② 将所有材料（除黄油、坚果类）一起倒入搅拌机中，搅拌至面团表面光滑有弹性，加入黄油，搅拌至能拉开面膜即可。（图2）

③ 将面团取出一半，加坚果搅拌均匀。（图3）

④ 以室温基本发酵40分钟。（图4）

⑤ 将放入坚果的面团分割成100克/个，基本面团分割成80克/个，滚圆，松弛30分钟。（图5）

⑥ 将坚果面团卷成圆柱形。（图6）

⑦ 将基本面团擀开，在两侧切6刀，然后将坚果面团放入基本面团中间。（图7）

⑧ 将基本面团左右折叠，包起坚果面团。（图8）

⑨ 将最后一折包紧，捏合。（图9）

⑩ 以温度30℃、湿度80%，最后发酵50分钟。（图10）

⑪ 发酵完成后，在面团表面撒上黑麦粉。（图11）

⑫ 放入烤箱，以上火200℃、下火200℃，喷蒸汽，烘烤30分钟即成。（图12）

裸麦水果面包

制作方式：直接法（参考本书p.8~16）

参考数量：3个

材料

高筋面粉450克，裸麦粉50克，砂糖60克，盐5克，干酵母6克，橄榄油50克，橙皮75克，酒渍葡萄干75克，水300克

表面装饰：低筋面粉

烘焙

上火210℃，下火200℃，喷蒸汽，25~30分钟

做法

① 将干性材料（除橙皮、葡萄干外）和湿性材料一起放入搅拌机，搅拌至面团能拉开光滑面膜，再加入橙皮和葡萄干搅拌均匀。

② 室温30℃，发酵60分钟。

③ 发酵完成后，将面团分割成300克/个。（图3）

④ 将面团滚圆，松弛30分钟。

⑤ 放入烤盘，以温度30℃、湿度75%，发酵60分钟。

⑥ 发酵完成后，在面团表面撒上低筋面粉。（图6）

⑦ 在面团表面划上5刀。（图7）

⑧ 放入烤箱，以上火210℃、下火200℃，喷蒸汽，烘烤25~30分钟即成。（图8）

第六章

甜点，再甜一点

来一份甜点，
慰藉一天的辛劳。

抹茶酥饼

酥脆的小饼，每一口都有抹茶留下的微苦香味。

材料

A	黄油	50克
	盐	少许
	糖粉	30克
	全蛋液	2小勺
B	抹茶粉	3克
	低筋面粉	65克
	杏仁粉	25克

烘焙

上下火，170℃，中层，13~15分钟

准备

· 黄油软化。

· B料中抹茶粉先过筛一次，再混合低粉、杏仁粉混合过筛。

做法

① 软化的黄油加入糖粉和少许盐搅拌顺滑。（图1）

② 加入2小勺打散的蛋液搅拌至吸收。（图2）

③ 加入过筛的B料。（图3）

④ 搅拌至无干粉颗粒，冷藏15分钟。（图4）

⑤ 撒少许高粉，将面团搓成圆形的棒状，包裹保鲜膜冷冻3小时以上。（图5）

⑥ 取出冻硬的面团，在室温中静置5分钟，用刀切成0.5厘米厚的段，排入烤盘，入预热好的烤箱烘烤。（图6）

爱心贴士

· 黄油搅拌至顺滑即可，不要打发太过，否则烘烤时太过膨胀会影响形状。

奶酥曲奇

材料

黄油	65克
盐	少许
糖粉	40克
淡奶油	45克
低筋面粉	100克

烘焙

上下火，170℃，中层，20分钟

准备

· 黄油软化。

· 淡奶油恢复室温。

做法

① 黄油软化后加入少许盐。（图1）

② 分3次加入糖粉，打发至颜色发白、体积膨松。（图2）

③ 在打发的黄油中加入淡奶油，搅拌至完全吸收。（图3）

④ 筛入低粉。（图4）。

⑤ 用刮刀将低粉混合均匀。（图5）

⑥ 将面糊装入裱花袋，在烤盘上挤出大小一致的曲奇，注意花嘴与烤盘要垂直并距离1厘米左右，右手握紧裱花袋的收口处，左手施力均匀挤出面糊，入预热的烤箱烘烤。（图6）

材料

黄油	100克
糖粉	100克
香草	1/4支
全蛋	84克
低筋面粉	100克
泡打粉	0.75克
糖浆	
清水	50克
砂糖	10克

蛋糕体中使用的是香草去籽后剩余的豆荚。

烘焙

上下火，180℃，中层，35分钟

准备

· 低粉、泡打粉过筛两次，备用。

· 黄油软化。

· 鸡蛋恢复室温后打散。

香草磅蛋糕

基础款也是最经典的磅蛋糕，加入天然香草籽，冷藏后风味更显浓郁。

做法

① 将香草豆荚纵向剖开，用刀尖取出香草籽。（图1）

② 用刮刀以按压的方式将软化的黄油和香草籽及糖粉粗略混合。（图2）

③ 用电动打蛋器将黄油打发至颜色发白体积膨松。（图3）

④ 分5~6次加入打散的全蛋液，每次都要搅拌至完全吸收再加入下一次的量。（图4）

⑤ 全部蛋液完全被黄油吸收后，黄油呈顺滑的奶油状。（图5）

⑥ 一次性筛入过筛后的低粉和泡打粉混合物。（图6）

⑦ 右手持刮刀，在2点钟位置入刀，溜盆底滑至8点钟位置时，将满载黄油糊的刮刀提起，翻转将刮刀上从底部捞起的黄油糊甩落在表面，同时左手转动搅拌盆，重复此步骤。（图7~8）

⑧ 翻拌80次以上，至面糊呈现顺滑无颗粒的光泽感。（图9）

⑨ 面糊入模至六七分满即可，用刮刀将面糊表面抹平，两端要高出一些，这样膨胀后才会整齐，入预热好的烤箱中层烘烤。（图10）

⑩ 烤蛋糕的时候来制作糖浆，将水、砂糖和制作蛋糕时取出了香草籽的豆荚一同煮沸，小火熬煮至体积只有原来1/3量，得到略浓稠的糖浆。（图11）

⑪ 蛋糕出炉后略微晾一下，把糖浆刷在表面，待不烫手时脱模晾至微温，盖保鲜膜冷藏过夜。（图12）

金橘麦芬

散发着金橘和香草的气息，即使凉透了吃也仍然非常松软。

材料

黄油	70克
糖粉	35克
盐	2.5克
鸡蛋	1个
低筋面粉	100克
泡打粉	4克
糖渍金橘汁	55克
糖渍金橘	60克

做法

① 黄油软化后加入糖粉和盐，打发至膨松发白。（图1）

② 分4~5次加入打散的全蛋液，每次都搅拌至完全吸收。（图2~3）

③ 将低粉和泡打粉混合，筛入打发的黄油中。（图4）

④ 用刮刀搅拌均匀，加入糖渍金橘汁和切碎的糖渍金橘颗粒。（图5）

⑤ 用刮刀搅拌至完全吸收，不要过度搅拌，拌匀即可。（图6）

⑥ 用勺子将面糊舀入纸杯至八分满，表面可装饰切碎的糖渍金橘颗粒，入炉烘烤。（图7）

爱心贴士

· 糖渍金橘可以切碎混入蛋糕糊中，也可以整颗使用。

烘焙

上下火，180℃，中层，20分钟

准备

· 低粉和泡打粉混合过筛。

· 黄油软化。

· 鸡蛋恢复室温后打散。

· 糖渍金橘捞出，切成小粒。

香草奶油泡芙

最基本的香草奶油泡芙是甜泡芙的经典。

材料

泡芙原料：

水	90毫升
黄油	45克
盐	1克
糖	3克
高筋面粉	60克
全蛋	2只

香草奶油馅：

牛奶	100克
香草荚	1/4根
蛋黄	2只
细砂糖	20克
低筋面粉	5克
玉米淀粉	5克
淡奶油	100克
细砂糖	10克

烘焙

上下火，210℃，中层，烘烤10~15分钟，待泡芙完全膨胀后转为180℃，烘烤15~20分钟

泡芙做法

① 将水、黄油、盐、糖入小锅中，以中火加热至沸腾，立即关火。（图1）

② 一次性倒入过筛的高筋面粉，用刮刀拌匀。（图2~3）

③ 重新开小火加热面团，边加热边不停从底部铲起，直至锅底出现一层薄膜时离火。（图4）

④ 待面团微温时，将2个全蛋打散，少量多次地加入面团中，每次都用刮刀拌至吸收。（图5）

⑤ 当提起刮刀，面糊呈倒三角形状时面糊完成，此时如果还有剩余的蛋液也不要再加入。（图6）

⑥ 用圆形花嘴将面糊在烤盘上挤出大小一致的生坯，中间要留有5厘米左右的间隙。（图7）

⑦ 用沾过水的叉子将生坯的尖角压平，入预热好的烤箱烘烤。（图8）

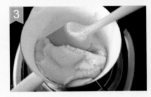

香草奶油馅做法

① 将蛋黄加入细砂糖打散，筛入低粉和玉米淀粉混合均匀。（图1）

② 将香草籽取出连同香草荚一起和牛奶煮至微沸。（图2）

③ 去除香草荚，将热的牛奶缓缓注入蛋黄中，保持不停搅拌。（图3）

④ 混合的牛奶蛋黄糊重新小火加热，不停搅拌至浓稠状离火。（图4）

⑤ 将淡奶油加细砂糖打发。（图5）

⑥ 将完成的卡仕达奶油与打发奶油混合搅拌均匀即可。（图6）

爱心贴士

· 挤好的泡芙生坯入炉前可以刷全蛋液使其烤制出漂亮的金黄色，如果喜欢素坯，入炉前可在生坯上喷水。

焦糖慕斯

非常浓郁的奶油焦糖风味，因为有蛋黄的加入，口味更加顺滑醇香。

材料

A	牛奶	80克
	蛋黄	2只
	细砂糖	20克
	吉利丁	2.6克
	奶油焦糖酱	35克
B	淡奶油	80克
	牛奶	20克

准备

· 吉利丁片剪碎，用4倍量的水泡软。

做法

① 将牛奶、蛋黄、细砂糖在小锅中搅拌均匀。（图1）

② 中小火熬煮并用刮刀不停搅拌，直到用手指划过刮刀时有清晰的痕迹，关火。（图2）

③ 将泡软的吉利丁捞出，加在蛋黄糊中搅拌至融化。（图3）

④ 加入奶油焦糖酱搅拌均匀。（图4）

⑤ 过筛一次。（图5）

⑥ 浸泡于冰水中并不停搅拌，使其冷却直至呈黏稠状。（图6）

⑦ 将B料中的牛奶和奶油混合，打发至有纹路。（图7）

⑧ 分两次将焦糖蛋奶液与打发的奶油混合均匀。（图8）

⑨ 完成的慕斯液倒入杯中，加盖冷藏至凝固，食用前再进行装饰。（图9）

爱心贴士

· 在制作完成的奶油焦糖酱中加入盐之花海盐，风味会更好。

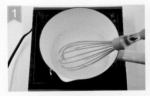

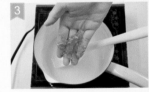

巧克力费南雪

焦化黄油、巧克力、坚果，非常和谐地搭配出浓郁的味道。

使用工具： 4.7cm×9.5cm长条形费南雪模5只

材料

A		
	糖粉	60克
	杏仁粉	40克
	低筋面粉	10克
	可可粉	5克
B	蛋白	50克
	黄油	35克
	各种坚果	适量

烘焙

上下火，180℃，中层，12分钟

准备

· 模具均匀地涂抹软化的黄油，冷藏备用。
· A料中的所有粉类分别过筛。

做法

① A料的粉类混合筛入盆中，加入B料的蛋白搅拌均匀。（图1~2）

② 黄油用小火加热至琥珀色，成焦化黄油。（图3）

③ 将温热的黄油过滤杂质，加入面糊中。（图4）

④ 搅拌至黄油吸收、面糊呈顺滑细腻的状态。（图5）

⑤ 用裱花袋将面糊挤入模具至八分满，表面装饰各种坚果，入预热好的烤箱烘烤。（图6）

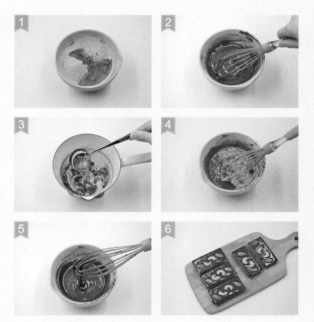

早安华夫

华夫，你的早餐好伙伴！

材料

鸡蛋	1个
盐	少许
细砂糖	30克
香草精	少许
牛奶	100克
蜂蜜	10克
黄油	30克
低筋面粉	100克
泡打粉	3克
玉米脆片	30克

做法

① 鸡蛋打入碗中，加细砂糖、香草精打散。（图1）

② 依次加入牛奶、蜂蜜、融化的黄油搅拌均匀。
（图2~4）

③ 筛入低粉和泡打粉搅拌均匀。（图5）

④ 加入玉米脆片混合后静置30分钟，再装入裱花
袋中。（图6~7）

⑤ 华夫机预热，薄薄地刷一层黄油防粘。（图8）

⑥ 挤上面糊后用勺背推平。（图9）

⑦ 盖上盖烤制，烤熟后可用竹签挑起一角，取
出华夫饼置晾网上，略微冷却即可食用。
（图10）

烘焙

上下火，210℃，中层，10分钟后转200℃，5分钟

准备

· 黄油融化。

· 低粉、泡打粉混合过筛。

南瓜布丁

材料

南瓜	100克
细砂糖	25克
牛奶	40克
淡奶油	35克
蛋	1只
肉桂粉	少许（可忽略）

准备

·南瓜去皮切片，蒸熟后取100克，备用。

烘焙

上下火，160℃，中层，30分钟

做法

① 所有材料称量好，放入料理机中。（图1）

② 用料理机将各种材料搅拌成均匀的糊，倒出静置1小时。（图2）

③ 将静置的布丁液过筛一次，倒入耐热容器中。（图3）

④ 在预热的烤箱中层放一只深的烤盘，注入适量温水。将布丁碗包好锡纸，放在烤盘中烘烤。（图4）